电力信息系统典型故障案例分析与处理

第二版

国网河南省电力公司信息通信分公司　组编

中国电力出版社
CHINA ELECTRIC POWER PRESS

内 容 提 要

为提高广大电力信息调度、运行、检修人员的技术水平和分析、解决问题的能力，本书根据作者多年来分析、处理各种机房基础设施、网络系统、信息系统等故障的工作实践，从主机设备、网络设备、存储设备、安全设备、平台软件、应用系统、桌面终端等方面选编了电力信息系统典型故障案例，详细介绍了不同故障案例的现象、分析及处理过程。

本书可供从事电力信息调度、运行、检修人员及相关专业的管理、技术人员使用。

图书在版编目（CIP）数据

电力信息系统典型故障案例分析与处理 / 国网河南省电力公司信息通信分公司组编 .—2 版 .—北京：中国电力出版社，2024.8

ISBN 978-7-5198-8380-5

Ⅰ.①电… Ⅱ.①国… Ⅲ.①电力系统—信息系统—故障修复 Ⅳ.① TM711

中国国家版本馆 CIP 数据核字（2023）第 233561 号

出版发行：中国电力出版社
地　　址：北京市东城区北京站西街19号（邮政编码100005）
网　　址：http://www.cepp.sgcc.com.cn
责任编辑：刘子婷（010-63412785）
责任校对：黄　蓓　常燕昆
装帧设计：赵姗姗
责任印制：石　雷

印　　刷：三河市万龙印装有限公司
版　　次：2015年12月第一版　2024年8月第二版
印　　次：2024年8月北京第一次印刷
开　　本：787毫米 × 1092毫米　16开本
印　　张：12.25
字　　数：207千字
定　　价：69.00元

编委会

前　言

PREFACE

国家电网有限公司提出了“一业为主、四翼齐飞、全要素发力”的“十四五”发展总体布局，明确要求深化“大云物移智链”等技术应用，发挥数据要素的倍增效应，大力发展战略性新兴产业，推动全业务、全环节数字化转型。国家电网有限公司为深入贯彻落实建设具有中国特色国际领先的能源互联网企业战略目标，大力推进数字化发展，提出了“紧盯‘一个目标’、迈上‘两个新台阶’、实现‘两个走在前列’”的总体思路，要求以数字化手段提升电网状态感知、灵活控制和系统平衡能力，以数字化技术赋能企业高质量发展。

信息系统与电网密不可分，有力支撑国家电网有限公司生产、经营、管理工作，其故障必然影响到电网的正常运行，因此，快速识别故障、排除障碍，对保障电网安全运行有着重要意义。本书对多年来发生的典型、真实信息案例进行详尽的技术分析，并提出相应的解决方案和建议，在数字化转型模式下，有助于信息检修人员防范系统事件风险，有助于信息调度、运行、检修人员培养和专业技术队伍的建设，有助于提高专业人员的理论水平和实际操作能力，促进了电力信息专业人员的整体业务素质和技术水平，为数字化转型发展奠定了良好基础，为提高电网安全、经济、高效运行和企业经营管理提供重要技术支撑。

由于编写人员水平有限，加之时间仓促，书中不妥之处在所难免，恳请读者批评指正。

编者

2024 年 5 月

目录

CONTENTS

第一章

机房基础设施故障分析与处理

案例 1

UPS 故障导致网络中断

故障现象

2022年8月2日07时03分，网络运维人员收到短信告警，某公司5、6层弱电间机柜电源分配单元（power distribution unit，PDU）断电，影响5、6、7层办公内网、外网、电话，影响186客服电话、应急指挥系统、无纸化办公系统。

故障处理

2022年8月2日07时03分，网络运维人员收到告警通知，公司5、6层办公内网、外网、电话交换机网络中断，网络运维人员立即赶往现场进行排查处理。

2022年8月2日07时25分，信息调度接通信调度反映办公楼电话拨打不通、内外网网络不通。经运维人员现场排查发现公司5、6层弱电间机柜PDU电源供电中断，大楼照明、墙面插孔供电正常，检查弱电间配电箱，无开关跳闸情况。

2022年8月2日07时30分，网络运维人员使用备用插排接入墙面插孔，进行临时取电，逐一将公司5、6层办公内网、外网、电话交换机等设备恢复供电。

2022年8月2日07时40分，5层办公内网、外网、电话相关6台交换机供电恢复，网络恢复正常，应急指挥系统恢复正常。

2022年8月2日08时00分，6层办公内网、外网、电话相关20台交换机供电恢复，网络恢复正常，186客服电话、无纸化办公系统恢复正常。

2022年8月2日08时30分，物业工作人员针对5、6层弱电间机柜PDU电源供电中断情况进一步排查。

2022年8月2日10时00分，经过物业工作人员排查，发现办公楼1层低压配电室2台大楼不间断电源（uninterruptible power supply，UPS）设备均为故障状态（输出电源功率为0），1台大楼UPS设备前期已处于故障状态，但还未做处理，另1台大楼UPS设备8月2日突发故障，最终导致5、6层弱电间供电中断。

2022年8月2日11时30分，物业工作人员将办公楼1层低压配电室大楼UPS设备调整为旁路供电，5、6层弱电间机柜电源供电正常。

2022年8月2日13时00分，网络运维人员将5、6层弱电间办公内网、外网、电话相关交换机供电由临时供电切换至正式供电。

原因分析

公司网络分为内网、外网、电话网络，采用汇聚、接入两层网络架构组网，覆盖调度楼2、5、6、7、8、9层，其中内网、外网、电话网络汇聚交换机部署在调度楼1层机房，相关接入层交换机部署在各楼层弱电间。

根据排查处置情况，5、6层弱电间机柜电源是从调度楼1层低压配电室2台大楼UPS设备取电，经过跟物业公司核实，1台大楼UPS设备前期已处于故障状态，但还未做处理，另1台大楼UPS设备于2022年8月2日突发故障，最终导致5、6层弱电间机柜电源供电中断。

整改措施

（1）督促物业公司进行UPS故障处置。

（2）加强公司网络设备监控、巡检，及时发现处置网络异常情况。

案例 2

机房空气调节系统停运导致门户网站无法访问

故障现象

2021年11月8日00时20分，因中心机房空气调节系统停运，导致门户网站远程访问内网域名系统（domain name system，DNS）域名解析服务器过热停机，门户网站无法访问。

故障处理

2021年11月8日00时36分，某公司门户网站无法访问，DNS服务器连接失败。

2021年11月8日01时10分，运维人员检查发现机房空气调节系统停运导致机房温度过高，部分服务器温度告警，其中门户网站DNS服务器宕机。随即排查问题原因，发现由于空调室外机散热器局部被落叶及杂物覆盖，导致散热效率低下，空调压缩机温度过高，触发保护性停机。

2021年11月8日01时20分，运维人员开始清理空调室外机散热板。

2021年11月8日01时55分，散热板清理完毕并重启机房空调，系统正常运行，机房温度逐渐恢复正常。

2021年11月8日02时20分，经系统配置调试后，DNS服务功能启用，某公司门户网站正常访问。

原因分析

因本地持续大风天气，导致机房空气调节系统室外机散热器短时间内被落叶及杂物覆盖，散热效率降低，致使机房空调压缩机停止工作，机房温度过高，门户DNS服务器停止工作，且机房温度监控阈值参数设置过高，未触发监控告警。

整改措施

（1）加强机房运维检查力度，完善工作制度，加强对特殊天气情况下的运维要求。

（2）合理制定不同季节情况下的机房监控设备的参数设置，举一反三，对烟雾、温湿度、电路等方面的监控设备设施进行测试调试，确保正确触发报警。

（3）加强机房管理与运维人员的安全意识宣贯，并计划组织开展应急演练，模拟各种状态下机房故障处置，提高机房管理与运维人员处置故障的能力。

（4）排查机房服务器设备，清理老旧设备，更换新设备或配件，排除隐患。

案例 3

电源交流输入空气开关前端越级跳闸故障

故障现象

2022年5月19日，某公司在生产楼新安装1台华为E6616设备，上电运行30余分钟后，生产楼艾默生NetSure211电源Ⅰ交流输入空开前端2级跳闸，艾默生NetSure211电源Ⅱ交流输入运行正常，造成生产楼华为、烽火传输设备均网管脱管。

故障处理

2022年5月19日16时38分，网控室监控发现华为、烽火传输网管上报告警：生产楼对端OSN3500、780B均上报R_LOS告警，生产楼OSN1500、780B均脱管。

2022年5月19日16时39分，现场人员立即组织对艾默生NetSure211电源系统及各传输设备进行状态确认。

2022年5月19日16时51分，现场人员对新安装的华为E6616进行下电后，生产楼780B由整机掉电状态恢复运行状态，光路恢复(存在单电源告警)，OSN1500光路恢复(存在单电源告警)。

2022年5月19日17时27分，现场人员观察未见其他异常情况，对跳闸的40A交流输入空开送电，艾默生NetSure211电源Ⅰ恢复正常，生产楼OSN1500、780B单电源告警消除，恢复正常。

2022年5月19日17时30分，现场人员再次对现场电源系统、电源接线、空开情况进行检查确认，未见异常。

2022年5月19日17时40分，现场拆除华为E6616，准备返厂检测。

原因分析

生产楼两套艾默生NetSure211电源220V交流输入分别接至生产楼UPS电源，艾默

生NetSure211电源系统拓扑图如图1-1所示。

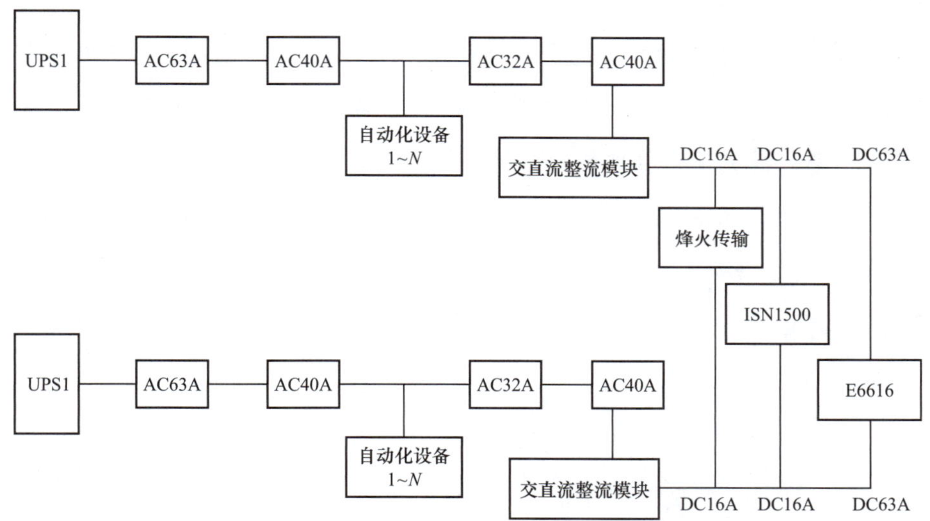

图 1-1　艾默生 NetSure 211 电源系统拓扑图

施工人员错将新安装的华为E6616电源线接入艾默生NetSure211电源Ⅰ、Ⅱ蓄电池空开上，蓄电池回路具有限流保护机制，两套艾默生NetSure211电源的蓄电池容量参数均设置为50Ah，限流、过流门限分别为0.1C10(5A)、0.3C10(15A)，华为E6616冲击电流大于15A，负载在艾默生NetSure211电源Ⅰ稳定带载2～3min(与限流保护启动时间有关)，后降电压，负载随即切换至艾默生NetSure211电源Ⅱ上运行，负载在两套电源间来回切换振荡。

当负载来回切换震荡时，艾默生NetSure211电源Ⅰ输入电流瞬间增大，与前端自动化负载电流汇流，超过了艾默生NetSure211电源Ⅰ交流输入前端2级空开容量的整定值40A，触发空开动作跳闸。

艾默生NetSure211电源Ⅰ交流输入中断，华为E6616又触发艾默生通信电源Ⅱ母线电压降低，造成生产楼通信设备无法正常运行。

整改措施

（1）通信电源设备采用高频开关电源，采用两路交流输入，具备自动切换功能，带蓄电池组，通信电源系统交流输入不应与其他专业混用，应独立取电，消除空开级差倒置隐患。

（2）加强简易通信电源等“非典型”设备功能、性能学习，落实施工人员技术交底要求。

（3）加强检修施工方案审查。涉及简易通信电源等“非典型”通信设备接线方式改变的施工、检修作业前，应进行现场勘察，细化设计图、施工方案，严格落实设计审查、方案审核工作要求，确保相关方案可操作性。

（4）及时开展同类型电源系统隐患排查，排查同类型设备是否存在同样设计缺陷，及时消除后备蓄电池接入点位与普通负载接入点位并无明显区别的家族性缺陷，并结合检修通过电源改造，提高电源设备供电的安全可靠性。

机房双路电源切换开关不能自动切换故障

故障现象

（1）设备描述。

市电输入：双市电电源输入。

开关类型：自动切换开关(automatic transfer switch，ATS)。

开关型号：WATSNA-250/250-4CBR。

UPS：通用UPS系统。

（2）现象描述。机房配电间现有一台双路电源ATS。型号为WATSNA-250/250-4CBR。核定工作电压为U_e AC 50Hz 400V。内嵌式面板开关安装在屏柜上。

在日常的运行维护过程中，运维人员发现该开关在自动模式下不能实现主备电源的自动切换，如果主路电源故障，只能通过手动模式，将电源切换到备用。

故障处理

针对上述故障点分析，运维人员制定了详细的分析和测试方案，逐个进行试验，确保能找出故障点，及时解决问题。

运维人员根据设备对应型号，详细查看了使用手册，根据指示灯的情况和“测试”按键功能结果，基本排除了由于电源故障导致的自动开关切换异常的问题。故障指示灯显示说明如图1-2所示。

指示灯
H1指示灯：常亮—常用电源正常，闪亮—常用电源故障
H2指示灯：常亮—备用电源正常，闪亮—备用电源故障
H3指示灯：灯亮—常用电源闭合
H4指示灯：灯亮—备用电源闭合

图 1-2　故障指示灯显示说明

根据指示灯的显示说明，从之前的现象描述中可以发现，H1、H2常亮，表示常用和备用电源均为正常，H4常亮则表示使用的是备用电源。

（1）“测试”按键的功能：测试主备电源中是否存在短路，如果有短路，开关就会自动保护，需要按“复位”键才可以复原。工作人员对“测试”键进行操作，开关未发生任何异常，输入线路正常。

（2）为确认常用电源熔断器（FUN）和备用电源熔断器（FUR）两个保险丝是否正常，操作人员使用一字螺丝刀，按照逆时针的顺序拧开了两个保险丝的顶盖，发现保险丝未有烧毁现象，全部正常。

（3）为尽可能排除开关中存在的机械故障，运维人员使用了“复位”键对开关进行了初始化操作。确认复位后，工作人员对再次对ATS进行了试验测试。模拟了主路电源故障的情况下，ATS是否会自动切换到备用电源，如试验所设计的步骤一样，在主路电源发生故障后，ATS自动切换到备用电源成功。

原因分析

ATS主要用在紧急供电系统，将负载电路从一个电源自动换接至另一个（备用）电源的开关电器，以确保重要负荷连续、可靠运行。ATS为机械结构，转换时间为100ms以上，会造成负载断电。

从现场的情况来看，显示面板上排列6盏显示灯，分别为H1～H6，其中H1、H2常亮，显示为橘红色，H4常亮，显示为绿色。背板上有“复位”键（在控制器异常时对控制器硬件进行复位）和“测试”键（对双路电源情况进行测试，测试双路电源是否全部正常）。

运维人员对故障进行了分析，总结了可能导致故障的几个方面的问题：

（1）两路市电电源中存在故障，导致开关自动切换异常。

（2）ATS中FUN、FUR的保险丝烧毁，导致出现故障。

（3）开关为机械装置，可能在切换过程中出现机械故障，无法完成自动切换。

（4）ATS自身故障，导致功能失灵。

整改措施

（1）注重平时积累，对所运行的供电设备应有一个全面了解和分析，注意对设备资料的积累。

（2）对操作有一定问题的设备，可以根据需要开设一些针对性较强的培训课程，提升运维人员的操作能力。

（3）注意日常巡视，及时发现异常现象。

（4）按照时间节点进行专业化的安全评估，查漏补缺，及时消除缺陷，保持设备健康稳定运行。

（5）必要时配备一定数量的应急设备，在发生突发情况时，可延长应急时间。

案例 5

由开关、电缆、触点等处出现发热引起的电源故障

故障现象

（1）设备参数。

机柜：HP 10642G2。

空开：DZ47-60 C60。

（2）现象描述。某信息机房一机柜突然掉电，机柜内所有设备均断电，用万用表对机柜PDU进行测量，发现无电压，初步判断为UPS配电柜处有故障。

故障处理

运维人员进入电源室后闻见明显焦煳味，查看电源室内UPS机头、蓄电池柜、配电柜外观，未发现异常；查看UPS控制面板，并未发现异常；打开配电柜后发现有空开烧毁。

空开烧毁，一般都是由于负载过大或出现短路电流造成。考虑到该机房运行时间较长，机柜内设备基本满配，初步判断为该机柜负载过高造成。

更换空开后，合闸成功，机柜恢复送电。技术人员使用红外热成像仪进行检测，配电柜内的开关、电缆、触点等多处出现发热现象。

该线路主要为该机房××号机柜××号PDU供电，正是此次故障断电的机柜，可以断定此次机柜断电故障是由于负载过大造成。

原因分析

（1）直接原因。UPS输出配电柜机柜空开烧毁，导致机柜断电。

（2）间接原因。设备上架时未充分核算分配机柜负载功率，导致机柜PDU空开及电缆长时间处于额定负载最高值，从而导致空开烧毁。

整改措施

开关、电缆、触点等出现发热现象，是严重的运行隐患。长时间运行极易造成故障、失灵、短路等事故，影响信息系统运行的稳定。因此，定期对机房内电源系统用红外热成像仪进行测试能有效避免此类故障发生；此外，在机房设备上架时，应充分考虑到每个机柜设备功率平均分配的原则，避免个别机柜内设备负载过大造成电源故障。

案例 6

BA 系统自动切换制冷单元异常引起的空调系统停机

故障现象

2022年9月1日空调系统（含空调主机、冷却泵）异常停运，楼宇设备自控系统（简称BA系统）自动切换备用空调系统失败，空调全部停机。

故障处理

运维人员按日常应急演练流程手动操作，将空调系统切换至手动模式运行，空调重启并系统恢复运行，避免了机房高温情况发生，未造成信息安全事件。

发现2号空调、水泵停运，同时BA系统自动切换1号空调无效，空调系统整体停运。

根据监控室指令，值班员将1号空调冷却塔进、出水阀门，由自动切换为手动模式并开启，向监控室汇报，同时留现场监控运行状态。

根据监控室指令，值班员到一层冷冻站手动开启1号机进水阀、冷冻水进水阀，完成后向监控室汇报并等待下一步操作指令。

根据监控室指令，值班员将1号机冷冻、冷却水泵控制柜由自动状态切换至手动状态并启动，等待下一步操作指令。

冷冻站现场人员反馈水泵运行正常。监控室指令冷冻站现场人员将1号冷却塔由自动切换至手动并启动，并等待下一步指令。

冷冻站现场人员手动将1号冷机由BA控制模式切换至本地操作模式，并手动启动1号冷机，通过对讲机通报各点位，空调主机已启动。

监控室观察空调已稳定运行，各现场点位汇报设备运行正常，空调停运风险解除。

原因分析

运维人员电话通知BA系统厂家到现场排查问题。技术人员进入BA系统后台程序，追踪研判故障停机原因。发现电动阀门发出错误信息。安排检修人员进行排查，发现电动阀门存在机械限位故障。对阀门限位器校正后，故障排除，系统恢复正常运行。

（1）直接原因。2号冷却塔电动阀门限位机械故障，导致监控器向BA系统反馈阀门错误状态，BA系统发出切换至1号冷却塔运行指令，但1号冷却塔处于锁定状态（需人工干预解锁），无法启动，造成无可用空调系统，空调停运。

（2）间接原因。由于系统负荷偏低，采用锁定1号空调系统冷却塔模式运行，存在空调停运风险。

整改措施

（1）对同功能、同类型阀门完成排查、校正限位器，确认运行状态正常。同时BA系统厂商后期对阀门加装监控，实时反馈阀门运行状态。

（2）优化BA系统运行参数，调整系统运行模式，解除1号冷却塔手动锁定模式，在BA中设定为温度控制模式，冷却塔实现一运一备运行，提高空调系统可靠性。

（3）持续开展空调、UPS、消防等应急演练，加强运维人员紧急事件应急处置能力，提升运维水平。

第二章

主机设备故障分析与处理

案例 1

PCI–E 硬件板卡损坏导致级联指标中断

故障现象

2020年12月3日14时35分，某公司收到信息通信一体化调度运行支撑平台（I6000）监控告警短信，内网门户、通信管理系统、统一数据交换平台监控指标均异常，初步判断I6000系统级联指标异常。

故障处理

某公司本地未部署I6000系统，仅部署2台I6000采集服务器，用于监控本地系统运行指标，并将监测数据上传至总部I6000系统。采集服务器部署在1层信息机房，由2台服务器组成集群模式，在任意1台采集服务器故障时，仍能保障级联正常，不会影响监测指标。2台采集服务器分别为1台华为虚拟机部署于华为虚拟化资源池，1台为物理机部署于信息机房××机柜××位置，操作系统为RHEL6.9，故障发生前2台服务器均通过光纤链路上联至服务器汇聚交换机，某公司I6000采集服务器系统拓扑图如图2–1所示。

2020年12月3日14时35分，某公司收到I6000系统监控告警短信，I6000系统级联指标异常，信息调度将故障上报于某公司信息职能管理部门相关负责人，同时通知信息通信值班人员查看相关告警信息。

2020年12月3日14时40分，运维人员到达某公司信息机房运维操作间现场。登录采集服务器，开始对系统进行排查，发现I6000采集1号服务器网络正常，但指标数据无法上传到总部，I6000采集2号服务器无法远程登录。I6000采集1号服务器指标采集日志如图2–2所示。

2020年12月3日14时45分，运维人员通过现场调试设备登录I6000采集2号服务器，发现I6000采集2号服务器网卡有异常告警，进一步查看系统日志，发现I6000采

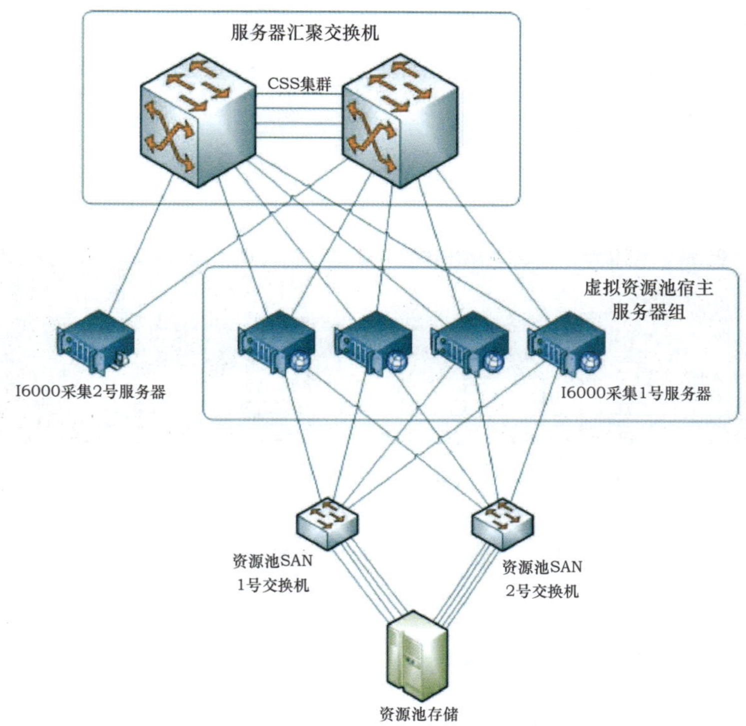

图 2-1　某公司 I6000 采集服务器系统拓扑图

```
2020-12-03 14:30:02,659 INFO [mqlog] - Send>> 429  :  UEPLCSysDiskUsage : 12

2020-12-03 14:30:02,659 INFO [mqlog] - 向总线发送一条信息结束


2020-12-03 14:35:00,747 ERROR [mqlog] - javax.jms.JMSException: Could not connect to broker URL: tcp://21.11.7.6:21616. Reason: java.net.ConnectException: Connection refused
2020-12-03 14:35:00,749 ERROR [mqlog] - 向总线发送一条信息出现异常，需要重新发送

2020-12-03 14:35:00,752 ERROR [mqlog] - javax.jms.JMSException: Could not connect to broker URL: tcp://21.11.7.6:21616. Reason: java.net.ConnectException: Connection refused
2020-12-03 14:35:00,752 ERROR [mqlog] - 向总线发送一条信息出现异常，需要重新发送

2020-12-03 14:35:00,753 ERROR [mqlog] - javax.jms.JMSException: Could not connect to broker URL: tcp://21.11.7.6:21616. Reason: java.net.ConnectException: Connection refused
2020-12-03 14:35:00,753 ERROR [mqlog] - 向总线发送一条信息出现异常，需要重新发送

2020-12-03 14:35:00,755 ERROR [mqlog] - javax.jms.JMSException: Could not connect to broker URL: tcp://21.11.7.6:21616. Reason: java.net.ConnectException: Connection refused
2020-12-03 14:35:00,755 ERROR [mqlog] - 向总线发送一条信息出现异常，需要重新发送

2020-12-03 14:35:00,756 ERROR [mqlog] - javax.jms.JMSException: Could not connect to broker URL: tcp://21.11.7.6:21616. Reason: java.net.ConnectException: Connection refused
2020-12-03 14:35:00,756 ERROR [mqlog] - 向总线发送一条信息出现异常，需要重新发送

2020-12-03 14:35:00,757 ERROR [mqlog] - javax.jms.JMSException: Could not connect to broker URL: tcp://21.11.7.6:21616. Reason: java.net.ConnectException: Connection refused
2020-12-03 14:35:00,758 ERROR [mqlog] - 向总线发送一条信息出现异常，需要重新发送

2020-12-03 14:35:00,759 ERROR [mqlog] - javax.jms.JMSException: Could not connect to broker URL: tcp://21.11.7.6:21616. Reason: java.net.ConnectException: Connection refused
2020-12-03 14:35:00,759 ERROR [mqlog] - 向总线发送一条信息出现异常，需要重新发送

2020-12-03 14:35:00,760 ERROR [mqlog] - javax.jms.JMSException: Could not connect to broker URL: tcp://21.11.7.6:21616. Reason: java.net.ConnectException: Connection refused
2020-12-03 14:35:00,760 ERROR [mqlog] - 向总线发送一条信息出现异常，需要重新发送

2020-12-03 14:35:00,762 ERROR [mqlog] - javax.jms.JMSException: Could not connect to broker URL: tcp://21.11.7.6:21616. Reason: java.net.ConnectException: Connection refused
2020-12-03 14:35:00,762 ERROR [mqlog] - 向总线发送一条信息出现异常，需要重新发送

2020-12-03 14:35:00,764 ERROR [mqlog] - javax.jms.JMSException: Could not connect to broker URL: tcp        7.6:21616. Reason: java.net.ConnectException: Connection refused
2020-12-03 14:35:00,764 ERROR [mqlog] - 向总线发送一条信息出现异常，需要重新发送

2020-12-03 14:35:00,765 ERROR [mqlog] - javax.jms.JMSException: Could not connect to broker URL: tcp        7.6:21616. Reason: java.net.ConnectException: Connection refused
2020-12-03 14:35:00,765 ERROR [mqlog] - 向总线发送一条信息出现异常，需要重新发送

2020-12-03 14:35:00,766 ERROR [mqlog] - javax.jms.JMSException: Could not connect to broker URL: tcp        7.6:21616. Reason: java.net.ConnectException: Connection refused
2020-12-03 14:35:00,766 ERROR [mqlog] - 向总线发送一条信息出现异常，需要重新发送

2020-12-03 14:35:00,768 ERROR [mqlog] - javax.jms.JMSException: Could not connect to broker URL: tcp://21.11.7.6:21616. Reason: java.net.ConnectException: Connection refused
2020-12-03 14:35:00,768 ERROR [mqlog] - 向总线发送一条信息出现异常，需要重新发送

2020-12-03 14:35:00,769 ERROR [mqlog] - javax.jms.JMSException: Could not connect to broker URL: tcp://          21616. Reason: java.net.ConnectException: Connection refused
2020-12-03 14:35:00,769 ERROR [mqlog] - 向总线发送一条信息出现异常，需要重新发送

2020-12-03 14:35:00,770 ERROR [mqlog] - javax.jms.JMSException: Could not connect to broker URL: tcp://21.11.7.6:21616. Reason: java.net.ConnectException: Connection refused
```

图 2-2　I6000 采集 1 号服务器指标采集日志

集2号服务器网卡异常中断，经检查I6000采集2号服务器的2个光口卡均无光信号，并且2个光口卡均插在1个PCI–E扩展卡上，初步判定该PCI–E扩展卡存在硬件故障，运维人员立即根据应急预案恢复网络服务。服务器汇聚交换机I6000采集2号服务器聚合口配置如图2–3所示。

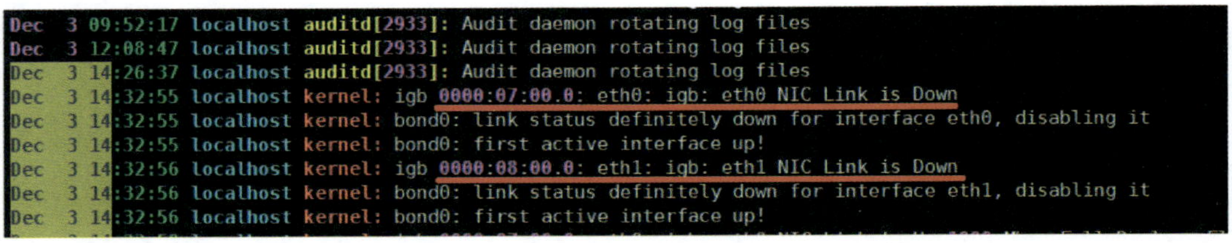

```
Dec  3 09:52:17 localhost auditd[2933]: Audit daemon rotating log files
Dec  3 12:08:47 localhost auditd[2933]: Audit daemon rotating log files
Dec  3 14:26:37 localhost auditd[2933]: Audit daemon rotating log files
Dec  3 14:32:55 localhost kernel: igb 0000:07:00.0: eth0: igb: eth0 NIC Link is Down
Dec  3 14:32:55 localhost kernel: bond0: link status definitely down for interface eth0, disabling it
Dec  3 14:32:55 localhost kernel: bond0: first active interface up!
Dec  3 14:32:56 localhost kernel: igb 0000:08:00.0: eth1: igb: eth1 NIC Link is Down
Dec  3 14:32:56 localhost kernel: bond0: link status definitely down for interface eth1, disabling it
Dec  3 14:32:56 localhost kernel: bond0: first active interface up!
```

图2–3　服务器汇聚交换机I6000采集2号服务器聚合口配置

2020年12月3日14时50分，某公司运维人员调整I6000采集2号服务器网络线路，将服务器网络连接方式由原来PCI–E光口网络改为服务器主板自带电口网络，并布放I6000采集2号服务器上联服务器汇聚交换机的网线。

2020年12月3日15时00分，网络主机运维人员准备好线缆器材，进入故障设备现场，开展I6000采集2服务器线缆布放工作，并检查相关备份数据，为避免I6000采集2服务器出现其他问题，对I6000采集2号服务器执行关机操作，更换故障PCI–E硬件配件。

2020年12月3日15时15分，I6000采集2号服务器网线敷设工作完成，运维人员修改I6000采集2号服务器端口聚合成员配置信息，重启服务器网络服务，I6000采集2号服务器网络服务恢复正常。

2020年12月3日15时25分，运维人员收到I6000系统级联指标恢复正常的短信，I6000采集2号服务器网络正常，指标程序上传正常。I6000系统健康运行时长监控如图2–4所示。

2020年12月3日15时30分，某公司排查I6000采集1号服务器故障原因，重启I6000采集1号服务器监测程序后，开展I6000系统级联验证时，在服务器汇聚交换机侧断开了I6000采集2号服务器网络端口，观察指标监控信息。I6000采集1号服务器与总部总线服务器通信正常如图2–5所示。

2020年12月3日15时42分，在I6000采集1号服务器网络正常及指标采集正常时（见图2–6），仍无法将指标数据上传到总部的情况下，初步判断I6000采集1号服务器采集程序存在异常，由于程序文件数量多，无法及时完成逐一排查，为尽快恢复相关

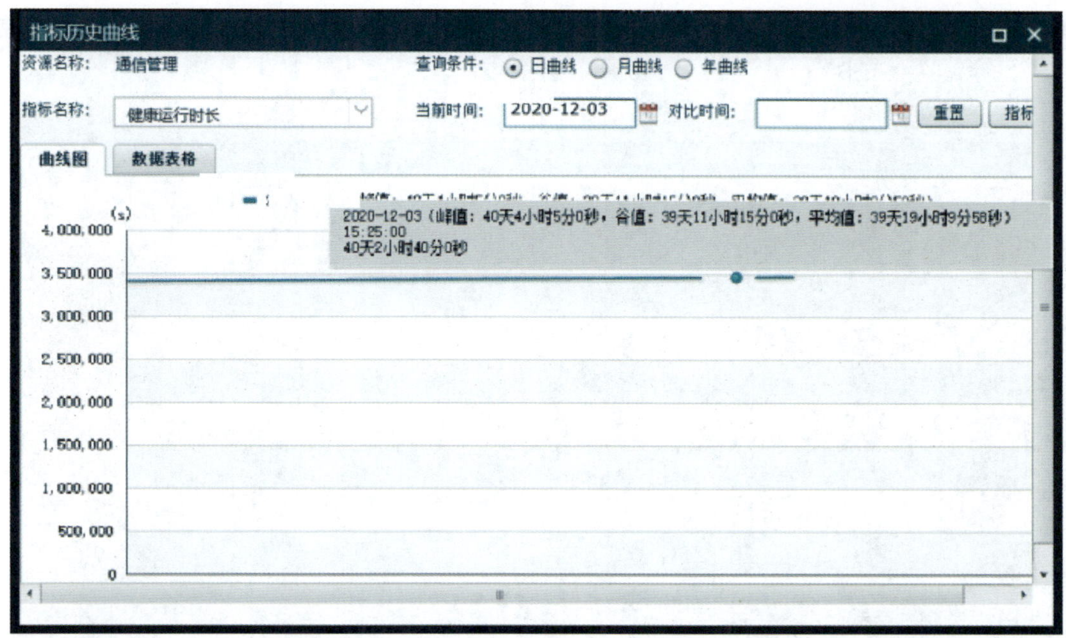

图 2-4　I6000 系统健康运行时长监控

```
[root@RH logs]# ip add | grep "inet "
    inet          scope host lo
                                 scope global eth0
[root@RH logs
                 ]
Connec
Escape character is '^]'.
□tiveMQ
               MaxFrameSizÿÿÿ  CacheSize
                                       CacheEnabledSizePrefixDisabled MaxInactivityDurationInitalDelay'Tcp
NoDelayEnabledMaxInactivityDurationu0TightEncodingEnabledStackTraceEnabledXshell
```

图 2-5　I6000 采集 1 号服务器与总部总线服务器通信正常

监测指标，对异常监测程序文件进行备份，并要求I6000系统运维人员核查该监测程序，将I6000采集1号服务器指标程序执行数据恢复操作，将监测指标程序恢复为最新正常有效的全量备份数据。

2020年12月3日15时50分，某公司向国网信调提出紧急抢修计划，计划通过紧急抢修查明I6000采集1号服务器指标程序异常原因。

2020年12月3日15时55分，某公司收到I6000系统级联指标恢复正常的短信通知，如图2-7所示，I6000采集1号服务器指标数据上传恢复后，恢复I6000采集2服务器网络服务，结束应急处置工作，并将故障处置过程和结果上报某公司信息职能管理部门负责人及国网信调。

```
2020-12-03 15:30:02,652 INFO [mqlog] - Send>> 24187  :  UEPLCSysMemoryUsage : 29^M
2020-12-03 15:30:02,652 INFO [mqlog] - Send>> 24187  :  UEPLCPlatformServiceStatus : 1^M
2020-12-03 15:30:02,652 INFO [mqlog] - Send>> 24187  :  ISZBDEPLOY : 0^M
2020-12-03 15:30:02,652 INFO [mqlog] - Send>> 24187  :  UEPLCSysCPUUsage : 0^M
2020-12-03 15:30:02,652 INFO [mqlog] - Send>> 24187  :  BusiSysIFStatus : 1^M
2020-12-03 15:30:02,652 INFO [mqlog] - Send>> 24187  :  SCENE : NARI^M
2020-12-03 15:30:02,652 INFO [mqlog] - Send>> 24187  :  BCPUNICODE : 40^M
2020-12-03 15:30:02,652 INFO [mqlog] - Send>> 24187  :  UEPLCSysNetworkSpeed : 2000^M
2020-12-03 15:30:02,652 INFO [mqlog] - Send>> 24187  :  CLASSNAME : BusinessSystem^M
2020-12-03 15:30:02,652 INFO [mqlog] - Send>> 24187  :  AREACODE : 40^M
2020-12-03 15:30:02,652 INFO [mqlog] - Send>> 24187  :  UEPLCSysDiskUsage : 12^M
2020-12-03 15:30:02,652 INFO [mqlog] - 向总线发送一条信息结束^M
2020-12-03 15:35:00,059 INFO [mqlog] - 向总线发送一条信息开始^M
2020-12-03 15:35:00,059 INFO [mqlog] - Send>> 24188  :  BusinessSystemResponseTime : 562^M
2020-12-03 15:35:00,059 INFO [mqlog] - Send>> 24188  :  BusinessSystemSessionNum : 103^M
2020-12-03 15:35:00,059 INFO [mqlog] - Send>> 24188  :  BusinessSystemOnlineNum : 103^M
2020-12-03 15:35:00,059 INFO [mqlog] - Send>> 24188  :  TIME : 2020-12-03 15:35:00^M
2020-12-03 15:35:00,059 INFO [mqlog] - Send>> 24188  :  BusinessSystemRunningTime : 8889240^M
2020-12-03 15:35:00,059 INFO [mqlog] - Send>> 24188  :  BusinessDayLoginNum : 92^M
2020-12-03 15:35:00,059 INFO [mqlog] - Send>> 24188  :  BusinessVisitCount : 141213^M
2020-12-03 15:35:00,059 INFO [mqlog] - Send>> 24188  :  DICTID : 181^M
2020-12-03 15:35:00,059 INFO [mqlog] - Send>> 24188  :  MAINDATA : NAME=新企业门户^M
2020-12-03 15:35:00,059 INFO [mqlog] - Send>> 24188  :  ISZBDEPLOY : 0^M
2020-12-03 15:35:00,059 INFO [mqlog] - Send>> 24188  :  BusiSysIFStatus : 1^M
2020-12-03 15:35:00,059 INFO [mqlog] - Send>> 24188  :  SCENE : NARI^M
2020-12-03 15:35:00,059 INFO [mqlog] - Send>> 24188  :  BCPUNICODE : 40^M
2020-12-03 15:35:00,059 INFO [mqlog] - Send>> 24188  :  CLASSNAME : BusinessSystem^M
2020-12-03 15:35:00,059 INFO [mqlog] - Send>> 24188  :  AREACODE : 40^M
2020-12-03 15:35:00,060 INFO [mqlog] - Send>> 24188  :  BusinessSystemDBTime : 150^M
2020-12-03 15:35:00,060 INFO [mqlog] - 向总线发送一条信息结束^M
```

图 2-6　I6000 采集 1 号服务器总线发送指标数据正常

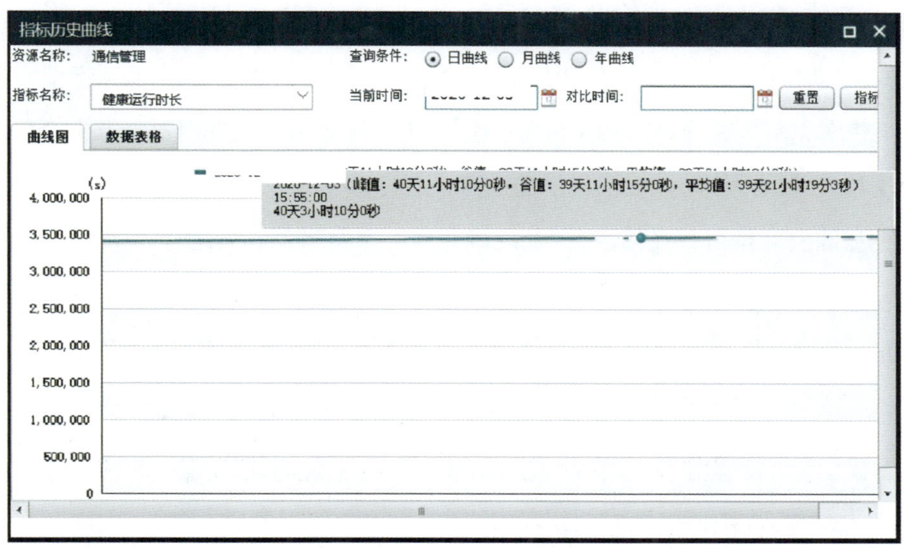

图 2-7　I6000 系统健康运行时长监控恢复

原因分析

经机房巡检排查，指标异常主要原因为I6000采集2号服务器硬件设备PCI-E硬件板卡损坏，无法为2块光口网卡供电，造成服务器网络中断，设备硬件告警信息如图2-8所示。

图 2-8　I6000 采集 2 号服务器存在设备硬件告警信息

对I6000采集1号服务器数据转发程序文件进行逐一对比，由于JMSTransfer-6.1.0.jar文件是JAVA归档文件，文件为只读文件，无法通过系统编辑修改，该文件编码格式不支持文本查看，对该类文件采用文件MD5值比进行比对（在文件内容未发生修改的情况下，即使对文件执行移动、更换目录等操作，文件MD5值都不会发生变化，可以通过该方法核实文件内容是否存在修改），发现该文件与正常数据转发程序MD5值不一致（见图2-9），由于操作日志及命令审计中未发现修改该文件内容的操作日志，初步判断转发程序文件可能为文件损坏或文件碎片原因等，具体损坏原因暂无法通过日志分析。

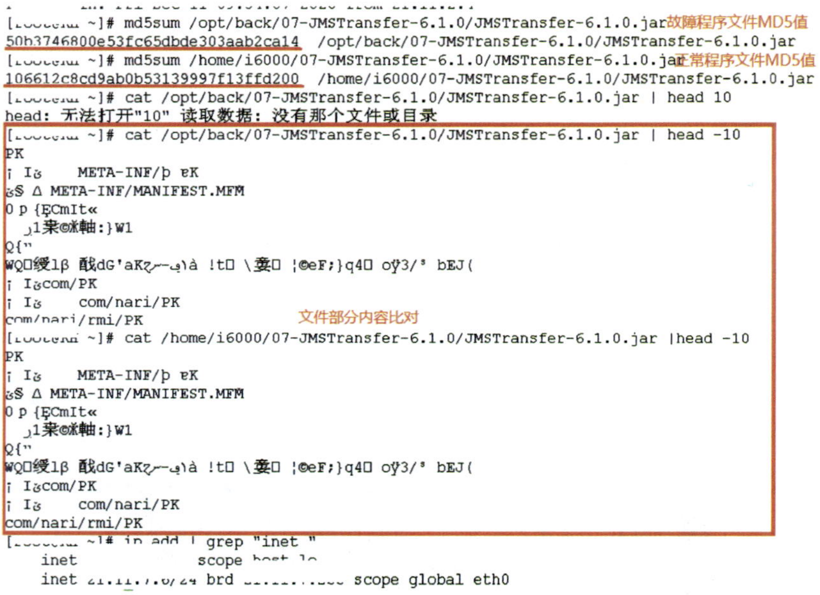

```
~]# md5sum /opt/back/07-JMSTransfer-6.1.0/JMSTransfer-6.1.0.jar   故障程序文件MD5值
50b3746800e53fc65dbde303aab2ca14  /opt/back/07-JMSTransfer-6.1.0/JMSTransfer-6.1.0.jar
~]# md5sum /home/i6000/07-JMSTransfer-6.1.0/JMSTransfer-6.1.0.jar   正常程序文件MD5值
106612c8cd9ab0b53139997f13ffd200  /home/i6000/07-JMSTransfer-6.1.0/JMSTransfer-6.1.0.jar
~]# cat /opt/back/07-JMSTransfer-6.1.0/JMSTransfer-6.1.0.jar | head 10
head: 无法打开"10" 读取数据: 没有那个文件或目录
~]# cat /opt/back/07-JMSTransfer-6.1.0/JMSTransfer-6.1.0.jar | head -10
PK
META-INF/
META-INF/MANIFEST.MF
...
com/PK
com/nari/PK
com/nari/rmi/PK
                                   文件部分内容比对
~]# cat /home/i6000/07-JMSTransfer-6.1.0/JMSTransfer-6.1.0.jar |head -10
PK
META-INF/
META-INF/MANIFEST.MF
...
com/PK
com/nari/PK
com/nari/rmi/PK
~]# ip add | grep "inet "
    inet          scope host lo
    inet          brd          scope global eth0
```

图2-9 I6000采集1号服务器文件比对异常

综上，I6000采集2号服务器硬件设备PCI-E硬件网络故障，I6000采集1号服务器无法正常完成采集数据转发，导致某公司I6000系统级联指标中断。

整改措施

（1）加强对服务器运行监控。提高设备巡检频率，重点关注服务器运行情况，及时做好应急处置，I6000采集2号服务器硬件仍处在硬件维保期内，联系原厂工程师开展PCI-E硬件故障分析并更换相关配件，整改消缺。

（2）开展计划检修进行消缺。进一步分析I6000采集1号服务器指标数据上传异常原因，并计划通过检修整改消缺。

服务器网卡故障导致级联指标中断

故障现象

2020年8月15日11时10分 某公司信息调度值班员发现信息通信一体化调度运行支撑平台系统监测页面中，全国统一电力市场技术支撑平台（外网）系统出现告警，经查看发现该系统健康运行时长、在线用户数、页面探测等指标出现断点缺失。

故障处理

2020年8月15日11时10分，信息调度值班员电话通知I6000系统运维人员及全国统一电力市场技术支撑平台运维人员，告知全国统一电力市场技术支撑平台（外网）系统出现告警，全国统一电力市场技术支撑平台（外网）系统健康时长、在线用户数、页面探测指标出现中断。

2020年8月15日11时15分，I6000系统运维人员登录I6000外网服务器查看取数服务进程情况以及系统报错日志，发现I6000系统接口取数服务、探测服务均在正常运行，且正在执行接口取数和探测页面任务。I6000系统接口取数服务向全国统一电力市场技术支撑平台取数时出现连接被拒绝报错。

2020年8月15日11时30分，I6000系统运维人员对后台日志分析后，对取数服务器以及服务器上所有相关服务进行重启，发现接口取数服务连接被拒绝现象仍未消除。

2020年8月15日11时40分，全国统一电力市场技术支撑平台系统运维人员查看日志后发现接口未接到I6000系统接口取数请求。全国统一电力市场技术支撑平台运维人员推测数据链路不通，联系I6000系统运维人员登录服务器排查网络健康状况。

2020年8月15日12时00分，I6000系统运维人员发现外网接口取数服务器网络存在异常波动，服务器远程不定时连接失败，且存在PING不通的现象。

2020年8月15日12时10分，主机运维人员联系服务器硬件工程师通过调试网卡和重启服务器、交换机后，使服务器网络连接短暂通畅，短暂运行一段时间后，网络依旧出现丢包现象，此时切换服务器网卡，更换服务器网口，依然出现网络丢包的现象。

2020年8月15日12时30分，I6000系统运维人员按照“先抢通，后修复”原则，开始将原有服务器上的接口取数服务等部署至新的服务器上，修改配置文件后重新启动服务。

2020年8月15日13时55分，部署新服务器后，接口取数服务和页面探测服务开始正常运行，确认服务正常运行后，向全国统一电力市场技术支撑平台系统运维人员核实并确认其接口出现取数请求。

2020年8月15日14时00分，经信息调度值班员确认，全国统一电力市场技术支撑平台（外网）系统健康运行时长等监测指标恢复正常，I6000系统监测页面告警消除。

原因分析

事件发生后，I6000系统运维人员通过查看日志，发现取数服务正常运行，日志中多次出现连接被拒绝的报错，如图2-10所示。

```
2020-08-15 11:10:10,009 ERROR [com.sgcc.nrxt.i6000.portaldetect.po.HttpRequester] - http://                [BSD]Connection refused
java.net.ConnectException: Connection refused
    at sun.reflect.GeneratedConstructorAccessor8.newInstance(Unknown Source)
    at sun.reflect.DelegatingConstructorAccessorImpl.newInstance(DelegatingConstructorAccessorImpl.java:45)
    at java.lang.reflect.Constructor.newInstance(Constructor.java:526)
    at sun.net.www.protocol.http.HttpURLConnection$6.run(HttpURLConnection.java:1676)
    at sun.net.www.protocol.http.HttpURLConnection$6.run(HttpURLConnection.java:1674)
    at java.security.AccessController.doPrivileged(Native Method)
    at sun.net.www.protocol.http.HttpURLConnection.getChainedException(HttpURLConnection.java:1672)
    at sun.net.www.protocol.http.HttpURLConnection.getInputStream(HttpURLConnection.java:1245)
    at java.net.HttpURLConnection.getResponseCode(HttpURLConnection.java:468)
    at com.sgcc.nrxt.i6000.portaldetect.po.HttpRequester.getUrlBeforeISC(HttpRequester.java:299)
    at com.sgcc.nrxt.i6000.portaldetect.po.HttpRequester.send(HttpRequester.java:154)
    at com.sgcc.nrxt.i6000.portaldetect.po.HttpRequester.sendGet(HttpRequester.java:57)
    at com.sgcc.nrxt.i6000.portaldetect.po.URLInfo.visitHome(URLInfo.java:119)
    at com.sgcc.nrxt.i6000.portaldetect.po.URLInfo.visitHome(URLInfo.java:143)
    at com.sgcc.nrxt.i6000.portaldetect.service.URLAccess.run(URLAccess.java:95)
    at java.util.concurrent.ThreadPoolExecutor.runWorker(ThreadPoolExecutor.java:1145)
    at java.util.concurrent.ThreadPoolExecutor$Worker.run(ThreadPoolExecutor.java:615)
    at java.lang.Thread.run(Thread.java:745)
Caused by: java.net.ConnectException: Connection refused
    at java.net.PlainSocketImpl.socketConnect(Native Method)
    at java.net.AbstractPlainSocketImpl.doConnect(AbstractPlainSocketImpl.java:339)
    at java.net.AbstractPlainSocketImpl.connectToAddress(AbstractPlainSocketImpl.java:200)
    at java.net.AbstractPlainSocketImpl.connect(AbstractPlainSocketImpl.java:182)
    at java.net.SocksSocketImpl.connect(SocksSocketImpl.java:392)
    at java.net.Socket.connect(Socket.java:579)
    at sun.net.NetworkClient.doConnect(NetworkClient.java:175)
    at sun.net.www.http.HttpClient.openServer(HttpClient.java:432)
    at sun.net.www.http.HttpClient.openServer(HttpClient.java:527)
    at sun.net.www.http.HttpClient.<init>(HttpClient.java:211)
    at sun.net.www.http.HttpClient.New(HttpClient.java:308)
    at sun.net.www.http.HttpClient.New(HttpClient.java:326)
    at sun.net.www.protocol.http.HttpURLConnection.getNewHttpClient(HttpURLConnection.java:997)
    at sun.net.www.protocol.http.HttpURLConnection.plainConnect(HttpURLConnection.java:933)
    at sun.net.www.protocol.http.HttpURLConnection.connect(HttpURLConnection.java:851)
    at sun.net.www.protocol.http.HttpURLConnection.getInputStream(HttpURLConnection.java:1301)
    at sun.net.www.protocol.http.HttpURLConnection.getHeaderField(HttpURLConnection.java:2691)
    at com.sgcc.nrxt.i6000.portaldetect.po.HttpRequester.getUrlBeforeISC(HttpRequester.java:281)
```

图2-10　I6000系统接口取数服务报错日志

联系全国统一电力市场技术支撑平台系统的运维人员，发现其系统在报错时间节点接口未出现I6000系统接口取数请求，如图2-11所示。

检查I6000系统外网服务器网络状况后发现，在事故过程中，服务器不时有远程连接失败情况，并且PING联通测试失败，网络连接中断记录如图2-12所示。

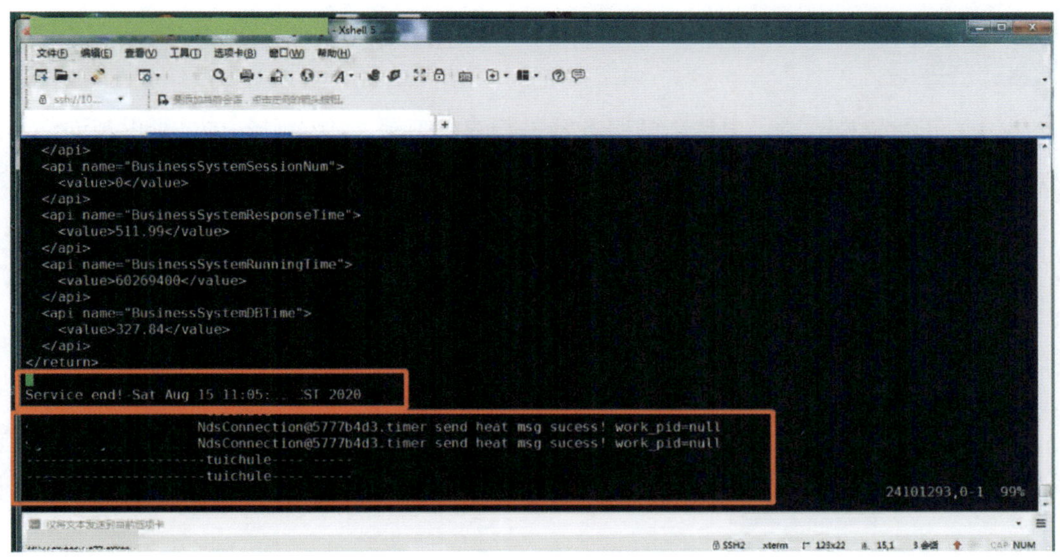

图 2-11　未接受取数请求报文日志

%Aug 15 12:31:23:822　CK45&CP45信息外网核心SW PING/6/PING_LOG:　ping statistics: 2 packet(s) transmitted; 0 packet(s) received; packet loss: 100.00%.
%Aug 15 12:31:19:617　CK45&CP45信息外网核心SW SHELL/6/SHELL_CMD: -Task=vt0-IPAddr=　User=imc; Command is ping -a

图 2-12　网络连接中断记录

联系服务器硬件工程师后，硬件工程师通过调试网卡和重启服务器后，使服务器网络连接短暂通畅。随后排查服务器网口、网卡等网络组件问题，接通网络后，观察发现服务器网口指示灯正常闪烁，网卡正常运行，但是短暂运行一段时间后，网络依旧出现丢包现象，此时切换服务器网卡，更换服务器网口，依然出现网络丢包的现象。将连接旧服务器的网线拔出后，插入新申请的服务器，网络丢包现象消失，且网络链路通畅，观察一段时间后，再无丢包现象。

确认网络健康状况良好后，I6000系统运维人员将原服务器上的服务全部部署至新的服务器，重启服务，指标恢复正常。

根据日志历史分析查明，网络丢包时I6000系统接口取数服务正常运行，且全国统一电力市场技术支撑平台系统接口及业务都正常。网络丢包导致I6000系统接口取数服务出现连接被拒绝报错，无法向全国统一电力市场技术支撑平台接口传输请求数据参数，因而无法探测到全国统一电力市场技术支撑平台系统的页面，最终导致健康运行时长、页面探测等指标缺失，事故原因为服务器网卡异常，致使网络出现丢包和中断，进而引起的指标中断。

整改措施

（1）开展架构改造。申请新的服务器进行双机部署，确保服务在单机出现网络异常的情况下，能够保证指标正常传递，目前已完成整改。

（2）强化巡检监控。加强系统巡检，根据瘦身健体工作要求对老旧服务器进行替换。

案例 3

服务器长期运行导致业务系统停运故障

故障现象

2020年6月28日11时20分，某信息调度发现，财务管控系统I6000系统监控指标中断，系统页面无法打开，财务管控系统应用无法正常使用，造成系统停运和I6000系统监控中断。

故障处理

某公司财务管控数据库系统部署在两台一体机上。应用服务和集成平台服务部署在由虚拟机服务器组成的集群上。

2020年6月28日11时20分，调度监控发现财务管控系统I6000系统监控指标出现中断，页面探测出现中断，系统应用无法正常使用。财务管控应用健康时长中断图如图2-13所示。

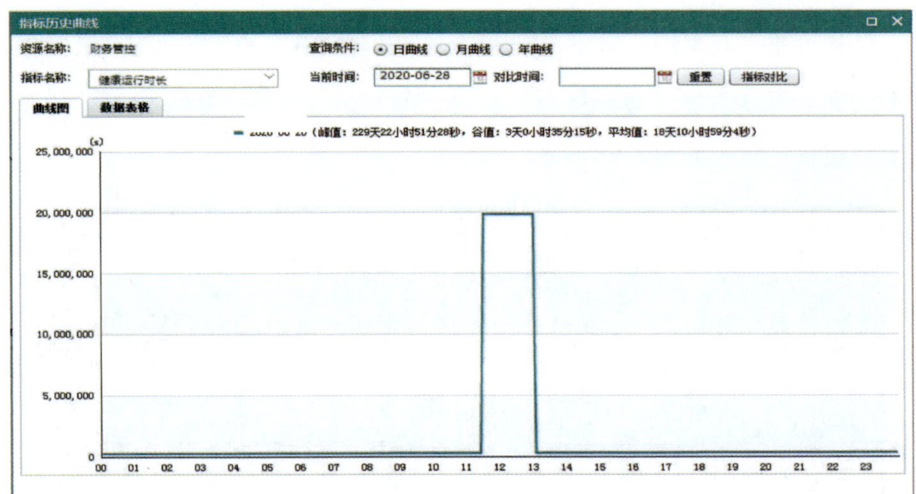

图 2-13　财务管控应用健康时长中断图

I6000系统URL页面探测中断图如图2–14所示。

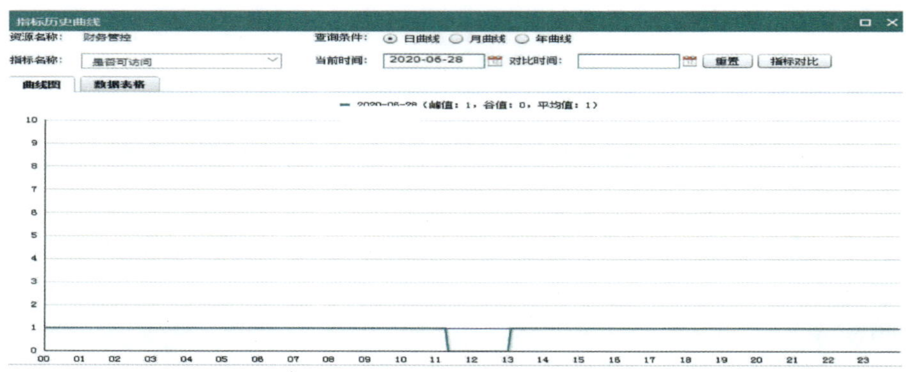

图2–14　I6000系统URL页面探测中断图

财务管控系统登录界面报错图如图2–15所示。

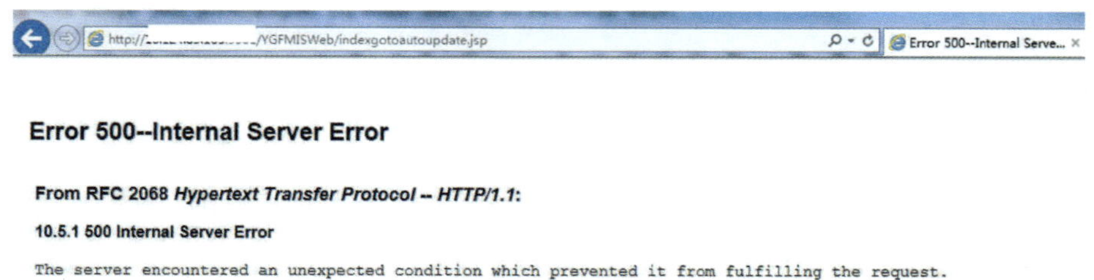

Error 500--Internal Server Error

From RFC 2068 *Hypertext Transfer Protocol -- HTTP/1.1*:

10.5.1 500 Internal Server Error

The server encountered an unexpected condition which prevented it from fulfilling the request.

图2–15　财务管控系统登录界面报错图

2020年6月28日11时25分，运维人员登录系统进行检查，发现前台应用异常，应用日志提示无法连接数据库。

2020年6月28日11时30分，数据库运维人员登录数据库服务器发现数据库集群心跳异常，数据库集群高可用(real application cluster，RAC)中的B机无法登录，将日志下载并进行分析，初步判断为数据库双机心跳中断，引起数据库RAC脑裂，导致B机自动重启。双机报错日志如图2–16所示。

```
IPC Send timeout detected. Sender: ospid 3902 [oracle@cwgk1]
Receiver: inst 2 binc 759374504 ospid 38933
Sun Jun 28 11:30:18 2020
IPC Send timeout detected. Sender: ospid 1485 [oracle@cwgk1 (LMS2)]
Receiver: inst 2 binc 759374582 ospid 38949
IPC Send timeout to 2.3 inc 3 for msg type 34 from opid 15
Sun Jun 28 11:30:19 2020
IPC Send timeout detected. Sender: ospid 1581 [oracle@cwgk1 (CKPT)]
Receiver: inst 2 binc 759374504 ospid 38933
IPC Send timeout to 2.0 inc 3 for msg type 12 from opid 982
IPC Send timeout: Terminating pid 982 osid 3902
Sun Jun 28 11:30:20 2020
IPC Send timeout detected. Sender: ospid 1461 [oracle@cwgk1 (LMON)]
```

图2–16　双机报错日志

2020年6月28日11时47分，在系统检查过程中，发现B机自动重启后，文件系统无法自动挂载导致数据库RAC异常，运维人员手工对磁盘进行挂载，系统提示挂载失败需进行磁盘修复，磁盘修复报错如图2-17所示。

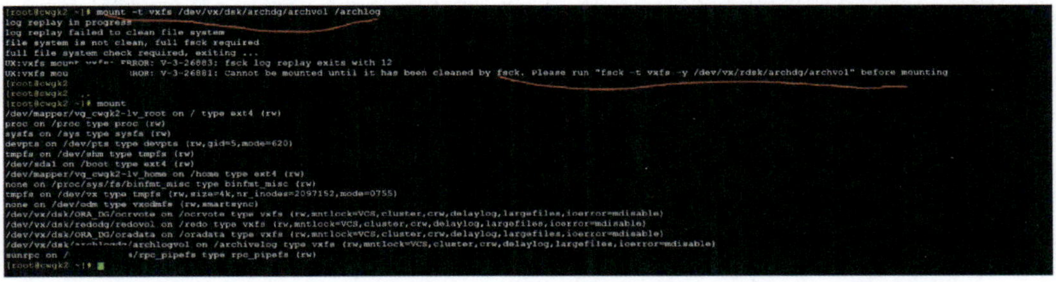

```
[root@cwgk2 ~]# mount -t vxfs /dev/vx/dsk/archdg/archvol /archlog
log replay in progress
log replay failed to clean file system
file system is not clean, full fsck required
full file system check required, exiting ...
UX:vxfs mou... ERROR: V-3-26883: fsck log replay exits with 12
UX:vxfs mou...  ...ROR: V-3-26881: Cannot be mounted until it has been cleaned by fsck. Please run "fsck -t vxfs -y /dev/vx/rdsk/archdg/archvol" before mounting
[root@cwgk2
[root@cwgk2  ..
[root@cwgk2 ~]# mount
/dev/mapper/vg_cwgk2-lv_root on / type ext4 (rw)
proc on /proc type proc (rw)
sysfs on /sys type sysfs (rw)
devpts on /dev/pts type devpts (rw,gid=5,mode=620)
tmpfs on /dev/shm type tmpfs (rw)
/dev/sda1 on /boot type ext4 (rw)
/dev/mapper/vg_cwgk2-lv_home on /home type ext4 (rw)
none on /proc/sys/fs/binfmt_misc type binfmt_misc (rw)
tmpfs on /dev/vx type tmpfs (rw,size=4k,nr_inodes=2097152,mode=0755)
none on /dev/odm type vxodmfs (rw,smartsync)
/dev/vx/dsk/ORA_DG/ocrvote on /ocrvote type vxfs (rw,mntlock=VCS,cluster,crw,delaylog,largefiles,ioerror=mdisable)
/dev/vx/dsk/redodg/redovol on /redo type vxfs (rw,mntlock=VCS,cluster,crw,delaylog,largefiles,ioerror=mdisable)
/dev/vx/dsk/ORA_DG/oradata on /oradata type vxfs (rw,mntlock=VCS,cluster,crw,delaylog,largefiles,ioerror=mdisable)
/dev/vx/dsk/...archlogvol on /archivelog type vxfs (rw,mntlock=VCS,cluster,crw,delaylog,largefiles,ioerror=mdisable)
sunrpc on /...s/rpc_pipefs type rpc_pipefs (rw)
[root@cwgk2 ~]#
```

图2-17　磁盘修复报错

2020年6月28日12时18分，磁盘修复完成，运维人员检查磁盘运行情况，确认磁盘正常后继续进行手工挂载磁盘，系统提示磁盘被占用，无法挂载。

2020年6月28日12时35分，运维人员手动重启双机；6月28日12时42分，服务器启动成功，磁盘未成功挂载。

2020年6月28日12时43分，文件系统自动挂载成功，所有存储磁盘正常运行。

2020年6月28日12时52分，数据库恢复正常，数据库监听正常。

2020年6月28日12时53分，财务管控实例恢复正常，应用服务恢复正常。

财务管控应用服务恢复正常。

2020年6月28日13时05分，财务管控系统应用和I6000系统监控均恢复正常。

原因分析

经过排查，该故障的原因为财务管控数据库脑裂导致服务器重启，磁盘出现坏区导致文件系统无法自动挂载。进一步分析由于服务器采用一体机部署，服务器长时间运行（已运行近5年），服务器的线缆老化，性能不稳定，导致服务器稳定性下降。

整改措施

（1）加强系统日常巡检。根据系统运行情况分析系统日志和数据库日志，及时处理系统异常情况。

（2）优化应急处置预案。提高运维检修人员的应急处置能力，将故障的影响降到最低程度。

（3）开展系统迁移。针对现有服务器由于服务年限长带来的运行不稳定的问题，财务管控系统已经开展系统迁移工作，后期财务管控数据库将迁移至新大楼机房的X86环境中，数据库架构应用新技术架构，采用2台计算节点+3台存储设备的架构模式，将计算节点和存储节点分离开，减少服务器的负荷，提高服务器的稳定性；同时将更换新的IB交换机及相关线缆，提高硬件设备稳定性，进而提高财务管控应用系统整体运行的可靠性。

服务器主板故障导致业务系统监控指标中断

故障现象

2021年5月16日19时15分，电能服务管理平台系统I6000系统运行时长、在线用户数和页面探测监控中断，中断持续时长55min。

故障处理

电能服务管理平台信息内、外网共13台服务器。其中，2台内网HP小型机安装Oracle RAC组成高可用集群；6台内网服务器安装Weblogic组成中间件集群；1台内网服务器安装Oracle作为接口中间库，提供接口数据库服务；1台内网服务器安装Weblogic，作为内网接口服务；2台内网前置服务器，作为电能服务前置服务。1台外网服务器安装Weblogic，作为外网接口服务，作为电力需求侧外网服务器。

2021年5月16日19时22分，信息调度值班员发现电能服务管理平台出现I6000系统运行时长、在线用户数和页面探测监控断点，信息调度值班员电话通知运维人员立即进行故障排查、分析。

2021年5月16日19时26分，运维人员登录电能服务管理平台应用服务检查应用服务时，发现I6000系统接口服务存在报错信息：java.sql.SQLRecoverableException: IO错误: The Network Adapter could not establish the connection。此报错表示，电能服务侧I6000系统接口服务无法建立数据库连接。

2021年5月16日19时31分，运维人员进一步检查电能服务管理平台ORACLE RAC集群运行情况，发现2号节点数据库运行正常，1号节点数据库主机宕机无法登录。电能服务数据库Oracle RAC高可用集群模式变为单机模式运行。

2021年5月16日19时35分，运维人员登录远程终端不断尝试测试1号节点数据库网络PING连通情况。同时电话通知HP小型机维保人员协助远程排查。

2021年5月16日19时52分，1号节点主机已超过30min网络未恢复。根据运维经验判断，可能操作系统发生了夯死或硬件故障，需要到达现场处置。

2021年5月16日19时53分，在1节点数据库异常期间，Weblogic中间件仍有部分无效JDBC连接指向1节点，造成数据源连接池爆满。为尽快恢复业务和消除告警，运维人员对应用服务和I6000系统接口服务进行重启，业务逐步恢复。

2021年5月16日20时05分，电能服务管理平台故障恢复正常。

2021年5月16日20时10分，I6000系统运行时长、在线用户数和页面探测监控分恢复正常。

2021年5月16日20时32分，小型机维保人员到达机房现场，发现1号节点数据库主机处于关机状态。维保人员尝试执行重启操作，但主机无法完成加电。维保人员初步判断，可能主板发生故障，需要更换主板。并第一时间联系维保三线发送主板配件。

2021年5月19日11时32分，小型机维保人员到达机房现场，完成对故障主板更换，1号节点数据库恢复正常运行。电能服务数据库由单机模式恢复成Oracle RAC高可用集群模式，数据库单点隐患消缺完毕。

原因分析

电能服务管理平台生产库1号节点主机主板发生故障宕机，I6000系统在采集数据时，刚好分发到故障节点，导致I6000系统运行时长短暂中断。

整改措施

（1）更换故障设备。更换服务器故障主板，恢复Oracle RAC高可用集群模式，消除数据库单点隐患。增加电能服务管理平台Weblogic数据源自动检测机制。当数据源连接出现异常时，间隔120s自动检测连接可用性；当检测到无效连接时，由Weblogic自动回收并重新分配新的连接，从而减少业务中断时长。

（2）开展检修消缺。在系统检修期间，对电能服务管理平台所有相关应用服务进行重启，释放可能积压的无效数据库链接，避免发生I6000系统再次断点。

服务器主板故障引起虚拟机重启

故障现象

2021年5月27日21时00分，资源池运维人员发现华为资源池的一台联想服务器发生PING丢包率和连通性告警。

故障处理

2021年5月27日21时05分，资源池运维人员立即电话联系信息调度监控，告知由于资源池的一台服务器因主板PCIE硬件故障宕机导致虚拟机HA迁移后自动重启。该宿主机上承载有企业门户等7套业务系统，共计9台虚拟机发生HA（High Availability）迁移，在完成迁移后自动重启，由于受影响的7套业务系统均设置了应用程序自启动配置，在虚拟机重启正常后，业务系统应用程序自动恢复正常，所以此次事件并未造成业务系统长时间中断。

故障服务器BMC带外管理平台硬件故障告警信息如图2-18所示。

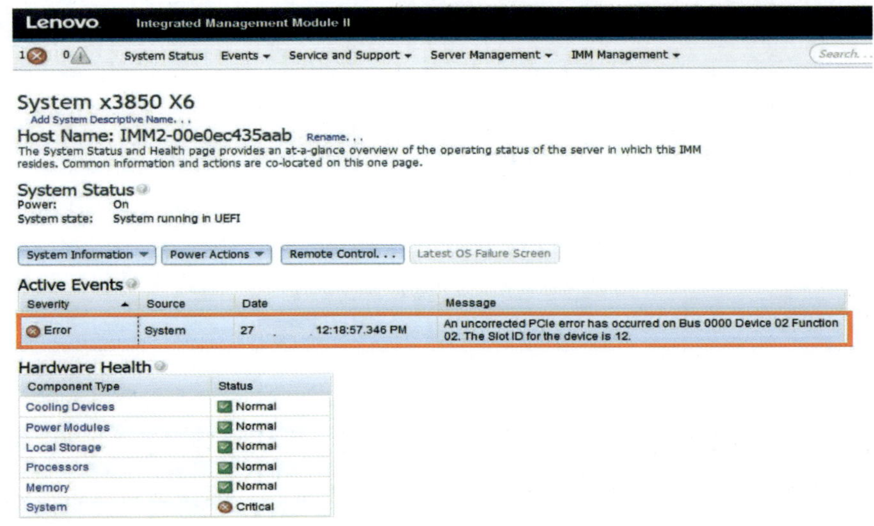

图 2-18　故障服务器 BMC 带外管理平台硬件故障告警信息

2021年5月27日21时05分，登录华为资源池平台，发现于2021年5月27日20时57分，平台出现“心跳异常”告警，该主机网络异常无法PING通，说明资源池平台与宿主机网络通信异常，该故障宿主机承载的7套业务系统9台虚拟机自动迁移到运行正常的其他宿主机，自动迁移时长3min。

2021年5月27日21时03分虚拟机迁移成功，但在迁移过程中会造成虚拟机重启的现象。

2021年5月27日21时05分，企业门户等7套业务系统均设置了应用程序开机自启动配置，所以虚拟机发生重启后应用程序能够自动恢复。

2021年5月28日上午9时00分，资源池运维人员到机房对该服务器BMC日志进行收集分析，并对服务器主板PCI-E第12个槽位号的Raid卡进行更换，重启服务器后恢复正常，虚拟机发生HA迁移，如图2-19所示。

系统管理 > 任务与日志 > 任务中心

任务名称 ▾　状态 ▾　产生时段:

任务名称	对象名称	开始时间	状态	结束时间	操作用户
虚拟机HA	HA-pzxtqy-vm01	[illegible]	成功	2021-05-27 21:05:08	系统调度任务
虚拟机HA	HA-portal2.0-vm12	[illegible]	成功	2021-05-27 21:05:02	系统调度任务
虚拟机HA	HA-qnxxzgds-vm02	[illegible]	成功	2021-05-27 21:04:59	系统调度任务
虚拟机HA	HA-portal2.0-vm11	[illegible]	成功	2021-05-27 21:05:02	系统调度任务
虚拟机HA	HA-PMS2.0ydzy-vm02	2021-05-27 21:02:49	成功	[illegible]	系统调度任务
虚拟机HA	HA-qnxxzgds-vm04	2021-05-27 21:02:49	成功	[illegible]	系统调度任务
虚拟机HA	HA-tyqx-vm001	[illegible]	成功	[illegible]	系统调度任务
虚拟机HA	HA-pdwgcbzhsj2q-vm01	2021-05-27 21:02:49	成功	2021-05-27 21:05:09	系统调度任务
虚拟机HA	HA-yxjcaqzxjc-vm01	2021-05-27 21:02:49	成功	2021-05-27 21:05:00	系统调度任务

任务名称　虚拟机HA　　对象ID　i-00000B32

对象名称　HA-yxjcaqzxjc-vm01　　状态　任务执行成功

描述

图2-19　资源池虚拟机HA迁移

原因分析

经过服务器BMC和系统日志收集并分析发现，本次故障是由于该服务器主板PCI-E第12个槽位号的Raid卡设备发生硬件故障告警而造成系统宕机，资源池平台通过心跳检测到该宿主机与管理平台异常，触发虚拟机HA迁移，并在正常的宿主机上自动重启故障虚拟机，3min后虚拟机HA迁移成功，虚拟机恢复正常。

虚拟机重启的原因：当物理机因硬件故障突然宕机时，该物理机的物理资源无法给业务虚拟机正常提供虚拟资源（CPU和内存资源），而资源池VRM管理平台检测到与故障主机之间的心跳网络通信异常，则会触发集群高可用服务HA机制，如果主机被确认为故障后，高可用特性会在同一集群上的其他资源充足的主机上重新为故障虚拟机分配虚拟资源（CPU和内存资源），并强制启动该虚拟机，从而造成虚拟机HA迁移完成后发生重启，其虚拟机上所承载的应用也会发生短暂的中断，当业务应用程序配置开机自启动后，业务则会随着虚拟机重启后5min之内自动恢复正常。

整改措施

（1）开展版本升级。对资源池老旧服务器的主板BIOS（basic input output system，BIOS）版本进行更新升级，修复BIOS版本所带来的漏洞。

（2）加强监控和隐患排查。加强资源池平台及主机的日常监控和隐患的排查力度，确保资源池平台的安全稳定运行。

（3）调整系统自动化配置。由于资源池宿主机故障具有不确定性，后期重点排查业务系统应用是否配置开机自启动脚本，并采取主备部署和负载均衡，当主机宕机后，虚拟机HA迁移发生重启后，应用程序能够在5min内通过自启动恢复正常。

案例 6

定制化设备硬件异常导致不能访问互联网故障

故障现象

2022年8月23日10时22分，客服中心接到部分用户反馈外网终端无法访问互联网。

故障处理

2022年8月23日10时22分，客服中心接到用户反馈外网终端无法访问互联网，通知网络运维人员进行排查处置。

2022年8月23日10时25分，网络运维人员经过排查测试，发现部分外网办公计算机重启后无法正常获取IP地址，造成无法正常访问互联网。

2022年8月23日10时30分，登录外网IP管理系统进行排查，发现外网IP管理系统主备节点动态主机配置协议（dynamic host configuration protocol，DHCP）服务运行异常，重启外网IP管理系统主备节点DHCP服务，显示启动报错，DHCP服务未启动成功。

2022年8月23日10时50分，网络运维人员重启外网IP管理系统主备节点硬件设备。

2022年8月23日11时00分，外网IP管理系统主备节点硬件设备重启完成，网络运维人员登录检查外网IP地址管理系统DHCP服务状态，外网IP管理系统备节点DHCP服务恢复正常。

2022年8月23日11时10分，网络运维人员登录外网核心交换机修改DHCP中继服务地址为外网IP管理系统备节点地址。

2022年8月23日11时15分，外网用户终端通过外网IP管理系统备节点获取IP地址正常。

2022年8月23日11时20分，网络运维人员关闭外网IP管理系统主节点网络，主节点IP地址切换至备节点设备。

2022年8月23日11时22分，外网用户终端通过外网IP管理系统备节点获取IP地址正常。

2022年8月23日11时25分，外网终端用户访问互联网恢复正常。

2022年8月23日23时30分，使用备机对外网IP管理系统主节点设备进行替换，外网IP管理系统主节点设备DHCP服务恢复正常。

原因分析

本次故障是由硬件设备异常导致的双机服务故障。根据故障排查分析和设备原厂确认，本次外网IP管理系统主节点后台运行所需一个参数文件异常丢失，导致本地数据库连接失败，虽配置了双机服务，但主节点设备为非常规情况下的后台异常，因此双机切换服务整体异常，导致主备节点同时无法对外提供服务。将两台设备重启后，主设备无法正常启动，强制关闭主设备网络端口，此时备设备独立运行自动接管服务IP，对外提供DHCP服务，用户互联网服务恢复正常。

外网IP管理系统设备为1U的定制化专用设备，原部署在1层A机房，2022年8月22日按照A机房搬迁计划停机断电后搬迁至26层B机房，该设备在投运后长时间运行的稳态架构被搬迁环节打破，搬迁过程造成设备内沉积的灰尘移位，虽然22日的检修验证顺利通过，但在23日的运行高峰期硬盘出现故障造成参数文件异常丢失，DHCP服务停止运行，造成部分外网用户无法正常访问互联网。

整改措施

（1）定期进行外网IP管理系统主备节点切换验证，保障外网IP管理系统主备节点运行正常。

（2）加强外网IP管理系统监控巡检，发现问题异常处置。

案例 7

用户访问量过大导致 Redis 数据库连接超时

故障现象

2022年6月29日10时45分，某公司业务巡测发现网上国网App IOS版本出现卡顿及闪退，App中页面功能无法使用，影响网上国网App IOS版本用户使用App办理业务。

故障处理

网上国网App主要业务包括用户注册、登录、充值缴费、电费查询、业扩办理等常规业务以及国网商城、电动汽车、光伏云、在线客服等新型业务。

2022年6月29日10时45分，某公司业务巡测发现网上国网App IOS版本出现卡顿及闪退，App中页面功能无法使用。

2022年6月29日10时50分，某公司运维人员排查发现积分中心微服务出现自动重启。

2022年6月29日11时06分，某公司运维人员排查发现积分微服务与资产微服务重启失败，无法连接Redis。

2022年6月29日11时10分，某公司运维人员发现Redis单节点连接数达最大值。积分微服务与资产微服务连接 *.*.*.*:* 连接不上，因为 *.*.*.*:* 单节点连接数到达最大值。

2022年6月29日11时28分，某公司运维人员将积分微服务中的Redis配置文件 *.*.*.*:* 改为 *.*.*.*:*，重新启动。

2022年6月29日11时37分，某公司运维人员将资产微服务中的Redis配置文件 *.*.*.*:* 改为 *.*.*.*:* 后进行重启。

2022年6月29日11时42分，微服务重启完成后进行验证，网上国网App功能恢复。

原因分析

某公司在发现异常后第一时间进行排查，排查网上国网微服务、数据库及网络运行情况，发现部分微服务出现自动重启，出现重启原因是微服务调用Redis数据库出现超时，自身健康检查失败。进一步分析发现调用Redis数据库超时是由于用户访问量大。

Redis单节点连接数达到最大值，此节点无法对外提供服务，Redis单节点连接数如图2-20所示。

```
connected_clients:993
client_longest_output_list:0
client_biggest_input_buf:0
blocked_clients:0
17000-log 17001-log agent autocheck1.sh aut
redis_exporter-v1.3.4.linux-amd64 redis_exp
[admin@dsapca11 ~]$ cat clients.txt | grep
connected_clients:1
connected_clients:1
connected_clients:1
connected_clients:1
connected_clients:10133
connected_clients:2
connected_clients:12607
connected_clients:271
connected_clients:8289
connected_clients:8524
connected_clients:8653
connected_clients:1
connected_clients:2
connected_clients:6046
connected_clients:1205
connected_clients:8125
connected_clients:7442
connected_clients:9706
connected_clients:1
connected_clients:2
connected_clients:2
connected_clients:7530
connected_clients:993
connected_clients:1
connected_clients:10144
connected_clients:2
connected_clients:12612
connected_clients:271
connected_clients:8303
connected_clients:8531
connected_clients:8656
connected_clients:1
connected_clients:2
connected_clients:6056
connected_clients:1205
connected_clients:8134
connected_clients:7442
connected_clients:9715
connected_clients:1
connected_clients:2
connected_clients:2
```

图2-20　Redis单节点连接数

App打开后默认查询资产信息时会调用资产微服务，当Redis异常时会导致资产微服务健康检查失败触发自动重启，因此造成App打开时查询资产异常，最终导致IOS版App出现卡顿现象。安卓版App中资产信息无法显示，但未出现卡顿现象，是由于安卓与IOS版本App程序不同，对于访问异常处理方式不同，安卓版本在兼容性处理上比较完善，IOS版兼容性较差，所以IOS版本出现卡顿但安卓版未出现。

整改措施

（1）某公司将继续加强业务巡测同时加强系统监控与巡检，对异常情况第一时间发现，第一时间处理，将影响降至最低。针对用户量增大，Redis数据库最大连接数达到最大值的情况，某公司已于6月30日对Redis数据库进行缓存清理与重启并新增2台服务器扩容到当前Redis集群中，扩容后集群运行平稳。

（2）异常发生后制定标准应急处置预案，保证发生异常情况时能够快速准确进行应急处置。

（3）针对IOS版本对访问异常兼容性较差的问题，网上国网研发已对IOS版App进行完善，待下次App版本更新后生效。

第三章

网络设备故障分析与处理

案例1

VMware 资源池网络瓶颈导致虚拟交换机网络故障

故障现象

2021年8月29日20时53分，资源池运维人员接收到多台虚拟机同一时间PING失败短信报警。查看虚拟交换机网卡状态，发现一侧网卡丢包率达100%。

故障处理

2021年8月29日20时55分，资源池运维人员登录宿主机的智能平台管理接口（intelligent platform management interface，IPMI）管理页面查看该服务器硬件运行状态和硬件系统日志，没有发现异常。

2021年8月29日21时00分，资源池运维人员登录资源池管理控制台查看资源池和集群网络运行情况，没有发现异常。

2021年8月29日21时10分，资源池运维人员通过SSH连接到宿主机的操作系统查看网卡运行状态，发现vmnic6网卡丢包率100%，发现PING失败的虚拟机都使用的vmnic6网卡。

2021年8月29日21时30分，资源池运维人员尝试通过迁移PING失败的虚拟机到同集群的其他正常宿主机，逐步恢复虚拟机的业务。在删除vmnic6网卡再重新添加后，vCenter自动刷新数据库中网络信息后vmnic6网卡恢复正常。

原因分析

资源池集群中多个宿主机业务网络使用的是分布式虚拟交换机，集群中所有的宿主机共用一个分布式虚拟交换机，分布式虚拟交换机与每个宿主机的双侧上联网卡相连，双侧上联网卡通过宿主机实际物理网卡与物理交换机相连实现数据传输和高可用。

故障原因为个别虚拟机流量突然升高引起的网络阻塞造成网卡丢包达100%，从而导致使用这一侧网卡的虚拟机PING失败。同时，因未达到资源池 HA 迁移机制，没有正常迁移故障虚拟机。

整改措施

（1）对资源池的硬件配置和网络配置进行整改。同一集群内的宿主机保持相同的物理硬件配置，将该集群内使用千兆物理网卡的宿主机的千兆网卡替换成万兆网卡。

（2）资源池在建设初期没有考虑到个别虚拟机网络会达到资源池网络瓶颈。在以后的工作中通过监控和调研详细了解业务系统虚拟机的网络流量峰值，根据不同的需求放置到不同的资源池中，充分合理利用资源池的资源。

案例2

核心交换机上联链路故障导致远程管理失效

故障现象

2022年8月8日10时20分，某县公司主汇聚路由器连接主核心交换机链路断开，核心交换机无法远程登录。

故障处理

2022年8月8日10时20分，数据通信网统一网管平台监控发现告警：某县公司主汇聚路由器接口GigabitEthernet2/4/6状态DOWN。

2022年8月8日10时21分至10时26分，运维人员从地市公司本部通过网管终端SSH远程登录县公司汇聚路由器检查，发现为至县公司主核心交换机连接链路断开。远程登录主核心交换机进一步确定端口状态，发现此时主核心交换机已无法远程登录，远程PING主核心交换机管理地址无应答，通过tracert路由跟踪定位到备核心交换机后显示请求超时。

2022年8月8日10时27分至10时35分，运维人员迅速对县公司核心网络网关、备核心交换机及其他网络接入交换机进行联通性PING测试，结果正常。通过SSH远程登录备核心交换机进行日志检查，发现此时网关已正常切换至备核心交换机，备核心交换机上、下联端口均正常。初步判断告警为主核心交换机故障宕机所致。

2022年8月8日10时36分，运维人员立刻联系该县公司运维人员现场查看，检查主核心交换机硬件无告警，仅上联至主汇聚路由的连接端口指示灯灭，测试局域网用户对业务系统的访问，网络使用正常。

2022年8月8日10时40分，运维人员现场使用网络调试终端通过console口登录主核心交换机，进一步检查设备运行状态，因上联端口断连，网关已由主核心交换机切换至备核心交换机，无其他异常告警。

2022年8月8日10时45分至10时55分，运维人员判断为主核心交换机上联链路跳纤或光模块故障，依次对链路跳纤、光模块进行测试，最终确认为主汇聚路由器接口GigabitEthernet2/4/6光模块故障。

2022年8月8日10时56分至11时05分，更换主汇聚路由器接口GigabitEthernet2/4/6光模块后，链路恢复正常，网关迅速切换至主核心交换机，网管监控平台告警消除，主核心交换机可以正常登录。但当主核心交换机上联链路断开时，无法远程管理的缺陷尚未解决。

2022年8月8日11时06分至11时32分，运维人员通过SSH远程登录县公司主汇聚路由器、主核心交换机，对配置进行检查，发现为主核心交换机静态路由缺少检测机制所致。

2022年8月8日11时33分至11时40分，运维人员在主核心交换机上增加静态路由失效检测配置。

2022年8月8日11时41分至11时45分，通过远程SSH登录主汇聚路由器断开接口GigabitEthernet2/4/6，远程登录主核心交换机正常，缺陷消除。

2022年8月8日11时46分，恢复汇聚路由器接口GigabitEthernet2/4/6，网络恢复正常运行方式。

原因分析

（1）基本情况。某县公司局域网由2台汇聚路由器、2台核心交换机、7台接入交换机组成。2台汇聚路由器、2台核心交换机互为主备，呈口字型接入地市公司核心路由器，7台局域网接入交换机通过双链路上联至2台核心交换机。主核心交换机与主路由器、备核心交换机与备路由器之间配置静态路由，主备核心交换机之间通过配置网关冗余协议（VRRP）实现主备切换。当2台汇聚路由器或者2台核心交换机的任一设备或者互联链路故障时，网络自动切换，不影响局域网用户对业务系统的访问。

（2）直接原因。主汇聚路由器接口GigabitEthernet2/4/6光模块损坏，主汇聚路由器至主核心交换机链路故障。

（3）根本原因。主汇聚路由器与主核心交换机之间通过配置静态路由实现网络互通，与动态路由协议不同，静态路由自身没有检测机制，因此在主汇聚路由器上启用双向转发检测机制（BFD），满足当主汇聚路由器下联至主核心交换机链路故障时的快速检测及切换需求。主核心交换机侧，使用了网关冗余协议（VRRP），实现与备核心交换机冗余切换。VRRP是当网关设备发生故障时，VRRP机制选择备网关设备来承载数据流量，从而保证网络的可靠通信。但机制本身对链路无检测，因此该设备在配置VRRP时引用了BFD链路跟踪检测，当上联链路发生故障时，主动切换至备核心交换机。然而主核心交换机上所配置的静态路由缺少实时检测机制，当上联链路失效时，不能动态感知链路变化，始终保持有效，仍执行原有静态路由，实际上静态路由所指向的下一条路径已不可达。此时当从地市公司本部远程登录主核心交换机时，数据包就会出现有去无回的情况，导致无法远程管理。

整改措施

（1）“三问法”对核心网络双机双链路切换配置进行自查。根据某县公司局域网主核心交换机上联链路故障，无法远程管理的问题，结合网络拓扑结构，对下属单位的主、备路由器及核心交换机配置进行自查。启用何种检测切换机制？该机制是否正确应用？该机制是否起到效果？

（2）编制标准化配置脚本及测试模板规范配置检测工作。对于网络设备配置不严谨及测试不全面问题，根据核心网络双路由器+双核心交换机+双链路连接典型拓扑结构，针对不同设备品牌，编制标准化配置脚本及测试模板，规范设备配置和检测标准，避免漏配、误配、漏检的问题发生。

（3）常态化开展核心网络双机双链路应急演练工作。将地市公司、县公司核心网络双机双链路应急演练工作列入公司年度应急演练计划，在演练过程中对双机双链路切换机制进行充分测试，确保核心设备工作正常，切换机制有效，及时发现网络存在隐患并消除。

（4）强化网络监视及分析机制。在日常工作中，加强数据通信网设备监视，对于出现的告警信息要查明其根本原因，并予以处理，确保治根治本，同时要举一反三，提前排查类似隐患问题，确保同一问题不重复发生。

案例 3

网络设备 CPU 利用率过高导致网络异常中断

故障现象

2022年9月28日08时34分，某公司网络运维人员巡视数据中心网络设备发现数据中心二级域核心交换机CPU利用率高达63%，结合日常运维工作发现设备接入核心交换机后CPU利用率会骤升30%，路由收敛完成后逐渐降低。但核心交换机CPU利用率一旦超过80%将导致设备卡死，且短时间内CPU利用率无法快速降低，可能导致所有二级域业务系统中断，导致该单位与数据中心间的网络不可用，若持续8h以上，即为五级信息系统事件。

故障处理

2022年9月28日08时34分，某公司网络运维人员巡视数据中心网络设备，发现数据中心二级域核心交换机CPU利用率为63%，如图3-1所示。

2022年9月28日08时42分，经过深入分析近期日志告警发现部分服务器存在MAC地址漂移现象，如图3-2所示。经核实，数据中心部分服务器网卡绑定为轮巡模式，网络运维人员立即联系服务器运维人员将网卡绑定模式变更为主备模式。

2022年9月28日17时25分，服务器运维人员反馈网卡绑定模式变更完成，网络运维人员查看MAC地址漂移告警消失。

2022年9月28日17时32分，网络运维人员查看核心交换机CPU利用率降至32%，如图3-3所示，网络恢复稳定运行。

```
HH-N312DT-PTQ-COR-ZXR8908E-01#
HH-N312DT-PTQ-COR-ZXR8908E-01#
HH-N312DT-PTQ-COR-ZXR8908E-01#sh proc

======================================================================
M       : Master CPU
S       : Slave CPU
Power   : Power dissipation (Watt)
CPU(5s): CPU utility measured in the last 5 seconds
CPU(1m): CPU utility measured in 1 minute
CPU(5m): CPU utility measured in 5 minutes
Peak    : CPU peak utility measured in 1 minute
PhyMem : Physical memory (Megabyte)
FreeMem: Free memory (Megabyte)
Mem     : Memory usage ratio
Shelf:0 CPU threshold:80%
Shelf:0 MEM threshold:80%
Shelf:1 CPU threshold:80%
Shelf:1 MEM threshold:80%
======================================================================

        Shelf Panel CPUID Power CPU(5s) CPU(1m) CPU(5m) Peak PhyMem FreeMem Mem
======================================================================
MP(M)     0    T1    0/0    69     55%     40%     27%   39%  2048   541  73.582%
                     0/1    69     50%     39%     27%   38%  2048   541  73.582%
----------------------------------------------------------------------
MP(S)     1    T2    0/0    68     17%     14%      8%   14%  2048   882  56.932%
                     0/1    68     22%     12%      8%   12%  2048   882  56.932%
----------------------------------------------------------------------
MP(W)     0    T2    0/0    69      7%     12%     12%   15%  2048   541  73.582%
                     0/1    69      7%     10%     10%   10%  2048   541  73.582%
----------------------------------------------------------------------
MP(W)     1    T1    0/0    69      7%     12%     12%   15%  2048   541  73.582%
                     0/1    69      7%     10%     10%   10%  2048   541  73.582%
----------------------------------------------------------------------
NP        0     1    0/0    38      9%     11%     11%   11%  2048  1256  38.637%
                     0/1    38      6%      7%      6%    7%  2048  1256  38.637%
----------------------------------------------------------------------
NP        0     2    0/0    54     54%     56%     58%   56%  2048  1232  39.828%
                     0/1    54     56%     63%     62%   59%  2048  1232  39.828%
----------------------------------------------------------------------
NP        0     3    0/0    45     10%     11%      9%   11%  2048  1248  39.39%
                     0/1    45      8%      9%      8%    9%  2048  1248  39.39%
----------------------------------------------------------------------
NP        0     4    0/0    54     11%      9%      7%   10%  2048  1241  39.376%
                     0/1    54     13%     11%      9%   11%  2048  1241  39.376%
----------------------------------------------------------------------
NP        1     1    0/0    37     10%      9%      9%    9%  2048  1257  38.617%
                     0/1    37      6%      8%      6%    8%  2048  1257  38.617%
----------------------------------------------------------------------
NP        1     2    0/0    57     44%     52%     56%   54%  2048  1226  40.99%
                     0/1    57     56%     63%     61%   57%  2048  1226  40.99%
----------------------------------------------------------------------
NP        1     3    0/0    43      8%      8%      7%    8%  2048  1254  38.728%
                     0/1    43      5%      7%      6%    7%  2048  1254  38.728%
----------------------------------------------------------------------
NP        1     4    0/0    55     11%     17%     13%   17%  2048  1244  39.257%
                     0/1    55     12%     21%     16%   22%  2048  1244  39.257%
----------------------------------------------------------------------
```

图 3-1　核心交换机 CPU 利用率

Sep 28, 2022 @ 08:42:15.284	1	AfLyz4IBjccrM5W2PSZa	switchlog-2022.09.28	doc	09-28-2022	HH-N312DT-PTQ-COR-ZXR8908E-01	MP-0/T1/0	%MAC% MAC address port moved. （MAC 80b5.754e.XX VLAN 114 have moved from smartgroup105 to smartgroup125)]	ZTE
Sep 28, 2022 @ 08:42:15.311	1	A Lyz4IBjccrM5W2PSZ1	switchlog-2022.09.28	doc	09-28-2022	HH-N312DT-PTQ-COR-ZXR8908E-01	MP-0/T1/0	%MAC% MAC address port moved. （MAC 6c92.bfe3.XX VLAN 30 have moved from smartgroup126 to smartgroup106)]	ZTE
Sep 28, 2022 @ 08:42:15.313	1	BPLyz4IBjccrM5W2PSZ3	switchlog-2022.09.28	doc	09-28-2022	HH-N312DT-PTQ-COR-ZXR8908E-01	MP-0/T1/0	%MAC% MAC address port moved. （MAC 049f.caab.XX VLAN 918 have moved from smartgroup127 to smartgroup107)]	ZTE
Sep 28, 2022 @ 08:42:15.321	1	B Lyz4IBjccrM5W2PSZ	switchlog-2022.09.28	doc	09-28-2022	HH-N312DT-PTQ-COR-ZXR8908E-01	MP-0/T1/0	%MAC% MAC address port moved. （MAC 80b5.754e.XX VLAN 114 have moved from smartgroup105 to smartgroup125)]	ZTE
Sep 28, 2022 @ 08:42:15.396	1	CfLyz4IBjccrM5W2PSbK	switchlog-2022.09.28	doc	09-28-2022	HH-N312DT-PTQ-COR-ZXR8908E-01	MP-0/T1/0	%MAC% MAC address port moved. （MAC 80b5.754e.XX VLAN 114 have moved from smartgroup125 to smartgroup105)]	ZTE
Sep 28, 2022 @ 08:42:15.440	1	C Lyz4IBjccrM5W2PSb2	switchlog-2022.09.28	doc	09-28-2022	HH-N312DT-PTQ-COR-ZXR8908E-01	MP-0/T1/0	%MAC% MAC address port moved. （MAC 80b5.754e.XX VLAN 114 have moved from smartgroup125 to smartgroup105)]	ZTE
Sep 28, 2022 @ 08:42:15.464	1	DfLyz4IBjccrM5W2PiZy	switchlog-2022.09.28	doc	09-28-2022	HH-N312DT-PTQ-COR-ZXR8908E-01	MP-0/T1/0	%MAC% MAC address port moved. （MAC 80b5.754e.XX VLAN 114 have moved from smartgroup105 to smartgroup125)]	ZTE
Sep 28, 2022 @ 08:42:15.486	1	EfLyz4IBjccrM5W2PiaI	switchlog-2022.09.28	doc	09-28-2022	HH-N312DT-PTQ-COR-ZXR8908E-01	MP-0/T1/0	%MAC% MAC address port moved. （MAC 80b5.754e.XX VLAN 114 have moved from smartgroup125 to smartgroup105)]	ZTE
Sep 28, 2022 @ 08:42:15.564	1	DvLyz4IBjccrM5W2PiZy	switchlog-2022.09.28	doc	09-28-2022	HH-N312DT-PTQ-COR-ZXR8908E-01	MP-0/T1/0	%MAC% MAC address port moved. （MAC 80b5.754e.XX VLAN 114 have moved from smartgroup105 to smartgroup125)]	ZTE
Sep 28, 2022 @ 08:42:15.586	1	EvLyz4IBjccrM5W2PiaI	switchlog-2022.09.28	doc	09-28-2022	HH-N312DT-PTQ-COR-ZXR8908E-01	MP-0/T1/0	%MAC% MAC address port moved. （MAC 80b5.754e.XX VLAN 114 have moved from smartgroup105 to smartgroup125)]	ZTE
Sep 28, 2022 @ 08:42:16.141	1	FfLyz4IBjccrM5W2QCaz	switchlog-2022.09.28	doc	09-28-2022	HH-N312DT-PTQ-COR-ZXR8908E-01	MP-0/T1/0	%SNMP% SNMP SNMP entity authentication failure]	ZTE
Sep 28, 2022 @ 08:42:17.285	1	HfLyz4IBjccrM5W2RSYq	switchlog-2022.09.28	doc	09-28-2022	HH-N312DT-PTQ-COR-ZXR8908E-01	MP-0/T1/0	%MAC% MAC address port moved. （MAC 80b5.754e.XX VLAN 114 have moved from smartgroup125 to smartgroup105)]	ZTE
Sep 28, 2022 @ 08:42:17.304	1	H Lyz4IBjccrM5W2RSY-	switchlog-2022.09.28	doc	09-28-2022	HH-N312DT-PTQ-COR-ZXR8908E-01	MP-0/T1/0	%MAC% MAC address port moved. （MAC 80b5.754e.XX VLAN 114 have moved from smartgroup125 to smartgroup105)]	ZTE
Sep 28, 2022 @ 08:42:17.309	1	IfLyz4IBjccrM5W2RSZC	switchlog-2022.09.28	doc	09-28-2022	HH-N312DT-PTQ-COR-ZXR8908E-01	MP-0/T1/0	%MAC% MAC address port moved. （MAC 049f.caab.XX VLAN 918 have moved from smartgroup127 to smartgroup107)]	ZTE
Sep 28, 2022 @ 08:42:17.311	1	IvLyz4IBjccrM5W2RSZE	switchlog-2022.09.28	doc	09-28-2022	HH-N312DT-PTQ-COR-ZXR8908E-01	MP-0/T1/0	%MAC% MAC address port moved. （MAC 80b5.754e.XX VLAN 114 have moved from smartgroup105 to smartgroup125)]	ZTE
Sep 28, 2022 @ 08:42:17.361	1	JfLyz4IBjccrM5W2RSZ2	switchlog-2022.09.28	doc	09-28-2022	HH-N312DT-PTQ-COR-ZXR8908E-01	MP-0/T1/0	%MAC% MAC address port moved. （MAC 80b5.754e.XX VLAN 114 have moved from smartgroup105 to smartgroup125)]	ZTE
Sep 28, 2022 @ 08:42:17.362	1	JvLyz4IBjccrM5W2RSZ4	switchlog-2022.09.28	doc	09-28-2022	HH-N312DT-PTQ-COR-ZXR8908E-01	MP-0/T1/0	%MAC% MAC address port moved. （MAC 8413.9f49.XX VLAN 114 have moved from smartgroup108 to smartgroup128)]	ZTE
Sep 28, 2022 @ 08:42:17.388	1	KfLyz4IBjccrM5W2RSaR	switchlog-2022.09.28	doc	09-28-2022	HH-N312DT-PTQ-COR-ZXR8908E-01	MP-0/T1/0	%MAC% MAC address port moved. （MAC 80b5.754e.XX VLAN 114 have moved from smartgroup105 to smartgroup125)]	ZTE
Sep 28, 2022 @ 08:42:17.392	1	K Lyz4IBjccrM5W2RSaW	switchlog-2022.09.28	doc	09-28-2022	HH-N312DT-PTQ-COR-ZXR8908E-01	MP-0/T1/0	%MAC% MAC address port moved. （MAC 8413.9f49.XX VLAN 114 have moved from smartgroup128 to smartgroup108)]	ZTE
Sep 28, 2022 @ 08:42:17.429	1	LfLyz4IBjccrM5W2RSa6	switchlog-2022.09.28	doc	09-28-2022	HH-N312DT-PTQ-COR-ZXR8908E-01	MP-0/T1/0	%MAC% MAC address port moved. （MAC 80b5.754e.XX VLAN 114 have moved from smartgroup125 to smartgroup105)]	ZTE
Sep 28, 2022 @ 08:42:17.453	1	L Lyz4IBjccrM5W2RSbS	switchlog-2022.09.28	doc	09-28-2022	HH-N312DT-PTQ-COR-ZXR8908E-01	MP-0/T1/0	%MAC% MAC address port moved. （MAC 80b5.754e.XX VLAN 114 have moved from smartgroup125 to smartgroup105)]	ZTE
Sep 28, 2022 @ 08:42:18.144	1	MfLyz4IBjccrM5W2SCaF	switchlog-2022.09.28	doc	09-28-2022	HH-N312DT-PTQ-COR-ZXR8908E-01	MP-0/T1/0	%SNMP% SNMP SNMP entity authentication failure]	ZTE
Sep 28, 2022 @ 08:42:19.310	1	M Lyz4IBjccrM5W2TSYU	switchlog-2022.09.28	doc	09-28-2022	HH-N312DT-PTQ-COR-ZXR8908E-01	MP-0/T1/0	%MAC% MAC address port moved. （MAC 80b5.754e.XX VLAN 114 have moved from smartgroup105 to smartgroup125)]	ZTE
Sep 28, 2022 @ 08:42:19.311	1	NPLyz4IBjccrM5W2TSYU	switchlog-2022.09.28	doc	09-28-2022	HH-N312DT-PTQ-COR-ZXR8908E-01	MP-0/T1/0	%MAC% MAC address port moved. （MAC 049f.caab.XX VLAN 918 have moved from smartgroup127 to smartgroup107)]	ZTE
Sep 28, 2022 @ 08:42:19.321	1	N Lyz4IBjccrM5W2TSYf	switchlog-2022.09.28	doc	09-28-2022	HH-N312DT-PTQ-COR-ZXR8908E-01	MP-0/T1/0	%MAC% MAC address port moved. （MAC 80b5.754e.XX VLAN 114 have moved from smartgroup105 to smartgroup125)]	ZTE
Sep 28, 2022 @ 08:42:19.334	1	OfLyz4IBjccrM5W2TSYt	switchlog-2022.09.28	doc	09-28-2022	HH-N312DT-PTQ-COR-ZXR8908E-01	MP-0/T1/0	%MAC% MAC address port moved. （MAC 80b5.754e.XX VLAN 114 have moved from smartgroup125 to smartgroup105)]	ZTE
Sep 28, 2022 @ 08:42:19.390	1	P Lyz4IBjccrM5W2TSaV	switchlog-2022.09.28	doc	09-28-2022	HH-N312DT-PTQ-COR-ZXR8908E-01	MP-0/T1/0	%MAC% MAC address port moved. （MAC 80b5.754e.XX VLAN 114 have moved from smartgroup125 to smartgroup105)]	ZTE
Sep 28, 2022 @ 08:42:19.391	1	O Lyz4IBjccrM5W2TSZk	switchlog-2022.09.28	doc	09-28-2022	HH-N312DT-PTQ-COR-ZXR8908E-01	MP-0/T1/0	%MAC% MAC address port moved. （MAC 049f.caab.XX VLAN 918 have moved from smartgroup107 to smartgroup127)]	ZTE
Sep 28, 2022 @ 08:42:19.412	1	PfLyz4IBjccrM5W2TSZ6	switchlog-2022.09.28	doc	09-28-2022	HH-N312DT-PTQ-COR-ZXR8908E-01	MP-0/T1/0	%MAC% MAC address port moved. （MAC 8413.9f49.XX VLAN 114 have moved from smartgroup128 to smartgroup108)]	ZTE
Sep 28, 2022 @ 08:42:19.439	1	QPLyz4IBjccrM5W2TSaV	switchlog-2022.09.28	doc	09-28-2022	HH-N312DT-PTQ-COR-ZXR8908E-01	MP-0/T1/0	%MAC% MAC address port moved. （MAC 049f.caab.XX VLAN 918 have moved from smartgroup127 to smartgroup107)]	ZTE
Sep 28, 2022 @ 08:42:19.447	1	Q Lyz4IBjccrM5W2TSac	switchlog-2022.09.28	doc	09-28-2022	HH-N312DT-PTQ-COR-ZXR8908E-01	MP-0/T1/0	%MAC% MAC address port moved. （MAC 80b5.754e.XX VLAN 114 have moved from smartgroup105 to smartgroup125)]	ZTE
Sep 28, 2022 @ 08:42:19.450	1	RPLyz4IBjccrM5W2TSaf	switchlog-2022.09.28	doc	09-28-2022	HH-N312DT-PTQ-COR-ZXR8908E-01	MP-0/T1/0	%MAC% MAC address port moved. （MAC 80b5.754e.XX VLAN 114 have moved from smartgroup105 to smartgroup125)]	ZTE
Sep 28, 2022 @ 08:42:20.162	1	TfLyz4IBjccrM5W2UCZn	switchlog-2022.09.28	doc	09-28-2022	HH-N312DT-PTQ-COR-ZXR8908E-01	MP-0/T1/0	%SNMP% SNMP SNMP entity authentication failure]	ZTE
Sep 28, 2022 @ 08:42:21.367	1	T Lyz4IBjccrM5W2VSYd	switchlog-2022.09.28	doc	09-28-2022	HH-N312DT-PTQ-COR-ZXR8908E-01	MP-0/T1/0	%MAC% MAC address port moved. （MAC 80b5.754e.XX VLAN 114 have moved from smartgroup125 to smartgroup105)]	ZTE
Sep 28, 2022 @ 08:42:21.380	1	WfLyz4IBjccrM5W2VSaN	switchlog-2022.09.28	doc	09-28-2022	HH-N312DT-PTQ-COR-ZXR8908E-01	MP-0/T1/0	%MAC% MAC address port moved. （MAC 80b5.754e.XX VLAN 114 have moved from smartgroup125 to smartgroup105)]	ZTE
Sep 28, 2022 @ 08:42:21.382	1	VfLyz4IBjccrM5W2VSYs	switchlog-2022.09.28	doc	09-28-2022	HH-N312DT-PTQ-COR-ZXR8908E-01	MP-0/T1/0	%MAC% MAC address port moved. （MAC 8413.9f49.XX VLAN 114 have moved from smartgroup108 to smartgroup128)]	ZTE
Sep 28, 2022 @ 08:42:21.404	1	U Lyz4IBjccrM5W2VSZB	switchlog-2022.09.28	doc	09-28-2022	HH-N312DT-PTQ-COR-ZXR8908E-01	MP-0/T1/0	%MAC% MAC address port moved. （MAC 80b5.754e.XX VLAN 114 have moved from smartgroup105 to smartgroup125)]	ZTE
Sep 28, 2022 @ 08:42:21.426	1	YfLyz4IBjccrM5W2VSZX	switchlog-2022.09.28	doc	09-28-2022	HH-N312DT-PTQ-COR-ZXR8908E-01	MP-0/T1/0	%MAC% MAC address port moved. （MAC 80b5.754e.XX VLAN 114 have moved from smartgroup105 to smartgroup125)]	ZTE
Sep 28, 2022 @ 08:42:21.448	1	Y Lyz4IBjccrM5W2VSZt	switchlog-2022.09.28	doc	09-28-2022	HH-N312DT-PTQ-COR-ZXR8908E-01	MP-0/T1/0	%MAC% MAC address port moved. （MAC 049f.caab.XX VLAN 918 have moved from smartgroup107 to smartgroup127)]	ZTE
Sep 28, 2022 @ 08:42:21.479	1	WvLyz4IBjccrM5W2VSaN	switchlog-2022.09.28	doc	09-28-2022	HH-N312DT-PTQ-COR-ZXR8908E-01	MP-0/T1/0	%MAC% MAC address port moved. （MAC 80b5.754e.XX VLAN 114 have moved from smartgroup125 to smartgroup105)]	ZTE
Sep 28, 2022 @ 08:42:21.498	1	XfLyz4IBjccrM5W2VSaf	switchlog-2022.09.28	doc	09-28-2022	HH-N312DT-PTQ-COR-ZXR8908E-01	MP-0/T1/0	%MAC% MAC address port moved. （MAC 80b5.754e.XX VLAN 114 have moved from smartgroup105 to smartgroup125)]	ZTE
Sep 28, 2022 @ 08:42:21.513	1	X Lyz4IBjccrM5W2VSav	switchlog-2022.09.28	doc	09-28-2022	HH-N312DT-PTQ-COR-ZXR8908E-01	MP-0/T1/0	%MAC% MAC address port moved. （MAC 049f.caab.XX VLAN 918 have moved from smartgroup127 to smartgroup107)]	ZTE
Sep 28, 2022 @ 08:42:21.531	1	YfLyz4IBjccrM5W2VSbA	switchlog-2022.09.28	doc	09-28-2022	HH-N312DT-PTQ-COR-ZXR8908E-01	MP-0/T1/0	%MAC% MAC address port moved. （MAC 049f.caab.XX VLAN 918 have moved from smartgroup107 to smartgroup127)]	ZTE

图 3-2　服务器存在 MAC 地址漂移告警

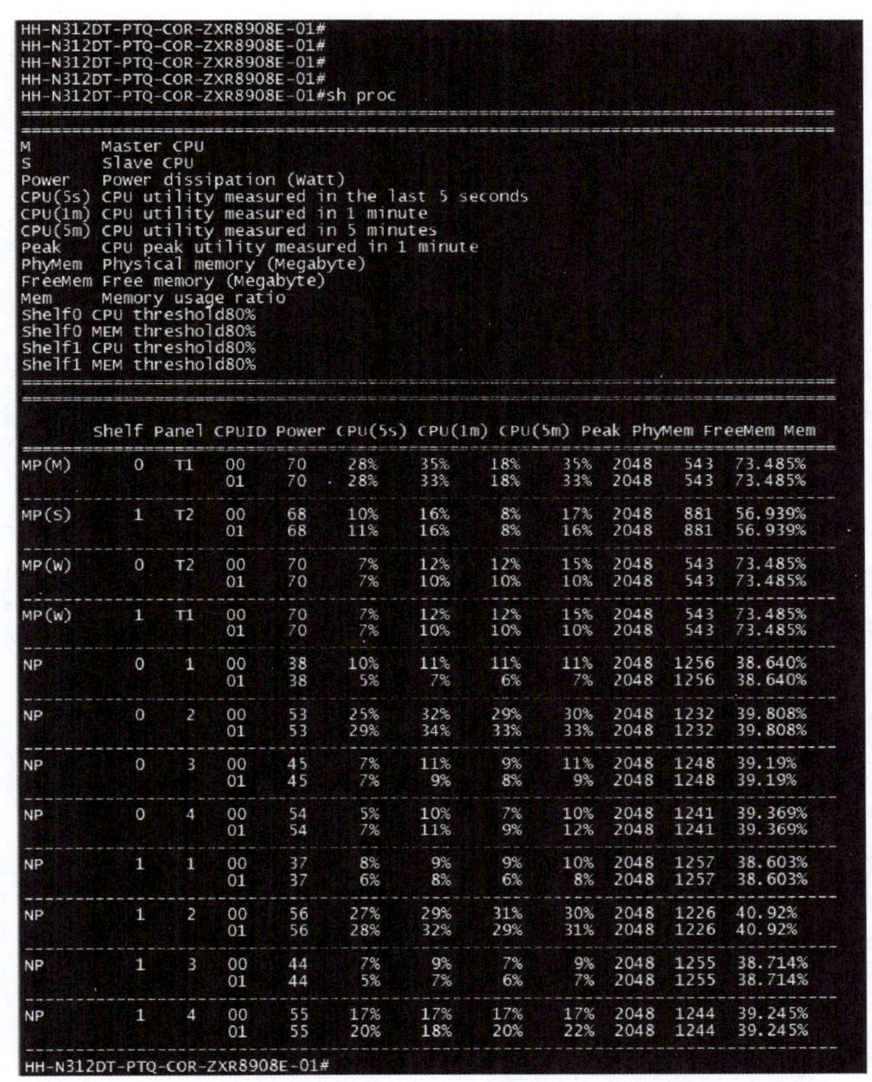

```
HH-N312DT-PTQ-COR-ZXR8908E-01#
HH-N312DT-PTQ-COR-ZXR8908E-01#
HH-N312DT-PTQ-COR-ZXR8908E-01#
HH-N312DT-PTQ-COR-ZXR8908E-01#
HH-N312DT-PTQ-COR-ZXR8908E-01#sh proc
================================================================================
================================================================================
M       Master CPU
S       Slave CPU
Power   Power dissipation (watt)
CPU(5s) CPU utility measured in the last 5 seconds
CPU(1m) CPU utility measured in 1 minute
CPU(5m) CPU utility measured in 5 minutes
Peak    CPU peak utility measured in 1 minute
PhyMem  Physical memory (Megabyte)
FreeMem Free memory (Megabyte)
Mem     Memory usage ratio
Shelf0 CPU threshold80%
Shelf0 MEM threshold80%
Shelf1 CPU threshold80%
Shelf1 MEM threshold80%
================================================================================
================================================================================

       Shelf Panel CPUID Power CPU(5s) CPU(1m) CPU(5m) Peak PhyMem FreeMem Mem
================================================================================
MP(M)      0    T1   00    70     28%     35%     18%   35%  2048    543  73.485%
                     01    70     28%     33%     18%   33%  2048    543  73.485%
--------------------------------------------------------------------------------
MP(S)      1    T2   00    68     10%     16%      8%   17%  2048    881  56.939%
                     01    68     11%     16%      8%   16%  2048    881  56.939%
--------------------------------------------------------------------------------
MP(W)      0    T2   00    70      7%     12%     12%   15%  2048    543  73.485%
                     01    70      7%     10%     10%   10%  2048    543  73.485%
--------------------------------------------------------------------------------
MP(W)      1    T1   00    70      7%     12%     12%   15%  2048    543  73.485%
                     01    70      7%     10%     10%   10%  2048    543  73.485%
--------------------------------------------------------------------------------
NP         0     1   00    38     10%     11%     11%   11%  2048   1256  38.640%
                     01    38      5%      7%      6%    7%  2048   1256  38.640%
--------------------------------------------------------------------------------
NP         0     2   00    53     25%     32%     29%   30%  2048   1232  39.808%
                     01    53     29%     34%     33%   33%  2048   1232  39.808%
--------------------------------------------------------------------------------
NP         0     3   00    45      7%     11%      9%   11%  2048   1248  39.19%
                     01    45      7%      9%      8%    9%  2048   1248  39.19%
--------------------------------------------------------------------------------
NP         0     4   00    54      5%     10%      7%   10%  2048   1241  39.369%
                     01    54      7%     11%      9%   12%  2048   1241  39.369%
--------------------------------------------------------------------------------
NP         1     1   00    37      8%      9%      9%   10%  2048   1257  38.603%
                     01    37      6%      8%      6%    8%  2048   1257  38.603%
--------------------------------------------------------------------------------
NP         1     2   00    56     27%     29%     31%   30%  2048   1226  40.92%
                     01    56     28%     32%     29%   31%  2048   1226  40.92%
--------------------------------------------------------------------------------
NP         1     3   00    44      7%      9%      7%    9%  2048   1255  38.714%
                     01    44      5%      7%      6%    7%  2048   1255  38.714%
--------------------------------------------------------------------------------
NP         1     4   00    55     17%     17%     17%   17%  2048   1244  39.245%
                     01    55     20%     18%     20%   22%  2048   1244  39.245%
--------------------------------------------------------------------------------
HH-N312DT-PTQ-COR-ZXR8908E-01#
```

图 3-3　核心交换机 CPU 利用率降至 32%

原因分析

（1）直接原因。由于MAC地址漂移导致核心交换机CPU使用率过高。同时，经与原厂确认，某公司数据中心现运行核心设备为中兴8908E交换机，中兴8908E设备为中端交换机，性能已不满足现有数据中心核心交换机运行要求。

（2）根本原因。服务器网卡绑定模式与现网架构不匹配。由于现网网络设备部署为主备模式，正常情况流量应该走主设备，但是由于服务器的轮询模式导致流量从主备都有流入流出，导致核心交换机从两个不同的端口学到了同一个MAC地址，致使核心交换机MAC地址表频繁刷新，核心交换机CPU利用率居高不下，加之交换机性能不足，最终达到阈值，无法承载新业务接入，且存在极大的运行风险。

整改措施

（1）某公司数据中心二级域网络架构分为核心层、汇聚层、接入层3层，核心层采用主备模式部署两台交换机，上联2台出口CE路由器接入综合数据网，通过动态OSPF路由协议与上联出口CE路由器进行组网，下联8台汇聚层交换机，汇聚层交换机两两主备模式部署，核心层与汇聚层采用二层Trunk多Vlan技术，结构冗余，保障业务的安全稳定运行。

（2）服务器网卡绑定模式与网络架构不匹配，MAC地址漂移导致网络设备CPU利用率不断升高，给网络运行带来巨大风险。加大设备巡视力度，及时发现并处理各类设备告警，深究告警产生原因，及时发现并处理网络运行风险及隐患，确保网络运行稳定。

核心交换机 IOS 故障导致业务系统监控中断

故障现象

2021年12月26日22时28分，某公司信息外网主用核心交换机突发运行故障，导致增值税、外网网站、电力交易（外网）、电力交易（新一代外网）、掌上单据、能源互联网平台、微信公众平台、电力气象等系统I6000系统监控指标中断、无法正常访问。

故障处理

2021年12月26日22时28分，某公司信息外网主用核心交换机上联数据通信网链路故障，手机访问外网网站发现无法打开系统页面，网络运维人员立即赶往机房开展故障排查。

2021年12月26日22时48分，网络运维人员到达机房，开始排查外网核心交换机运行状态，检查发现外网主核心交换机引擎板卡指示灯正常，但无法正常使用控制口登录设备，无法对设备进行配置操作。

2021年12月26日22时52分，网络运维人员手动重启信息外网主核心交换机，重启后，在其内部发现崩溃日志（crashinfo），如图3-4所示。对日志进行分析，发现系统崩溃的原因为内存缓存奇偶校验错误（cache parity error），如图3-5所示。此错误在思科官网有相应的排错及分析，如图3-6所示。其故障现象描述与交换机内的崩溃日志一致，如图3-7所示。按照提示操作处置。

2021年12月26日22时57分，信息外网主核心交换机恢复正常运行，外网网站等系统恢复正常访问。

2021年12月26日23时10分，外网网站等系统I6000系统监控指标恢复正常。

```
s72033-adventerprisek9_wan-mz.122-33.SXI.bin
sea_log.dat
sea_console.dat
crashinfo_20211226-140243
```

图 3-4　崩溃日志（crashinfo）

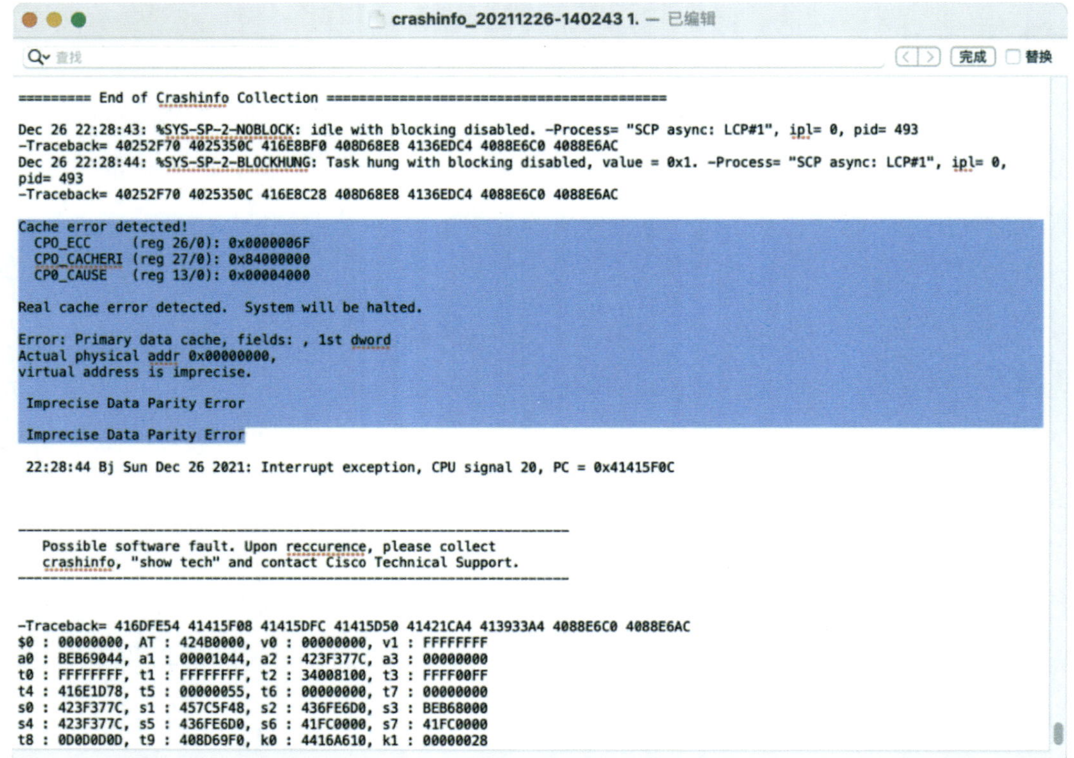

crashinfo_20211226-140243 1. — 已编辑

查找　完成　替换

```
========= End of Crashinfo Collection ==========================================

Dec 26 22:28:43: %SYS-SP-2-NOBLOCK: idle with blocking disabled. -Process= "SCP async: LCP#1", ipl= 0, pid= 493
-Traceback= 40252F70 4025350C 416E8BF0 408D68E8 4136EDC4 4088E6C0 4088E6AC
Dec 26 22:28:44: %SYS-SP-2-BLOCKHUNG: Task hung with blocking disabled, value = 0x1. -Process= "SCP async: LCP#1", ipl= 0,
pid= 493
-Traceback= 40252F70 4025350C 416E8C28 408D68E8 4136EDC4 4088E6C0 4088E6AC

Cache error detected!
  CPO_ECC     (reg 26/0): 0x0000006F
  CPO_CACHERI (reg 27/0): 0x84000000
  CP0_CAUSE   (reg 13/0): 0x00004000

Real cache error detected.  System will be halted.

Error: Primary data cache, fields: , 1st dword
Actual physical addr 0x00000000,
virtual address is imprecise.

 Imprecise Data Parity Error

 Imprecise Data Parity Error

 22:28:44 Bj Sun Dec 26 2021: Interrupt exception, CPU signal 20, PC = 0x41415F0C


--------------------------------------------------------------------
   Possible software fault. Upon reccurence, please collect
   crashinfo, "show tech" and contact Cisco Technical Support.
--------------------------------------------------------------------


-Traceback= 416DFE54 41415F08 41415DFC 41415D50 41421CA4 413933A4 4088E6C0 4088E6AC
$0 : 00000000, AT : 424B0000, v0 : 00000000, v1 : FFFFFFFF
a0 : BEB69044, a1 : 00001044, a2 : 423F377C, a3 : 00000000
t0 : FFFFFFFF, t1 : FFFFFFFF, t2 : 34008100, t3 : FFFF00FF
t4 : 416E1D78, t5 : 00000055, t6 : 00000000, t7 : 00000000
s0 : 423F377C, s1 : 457C5F48, s2 : 436FE6D0, s3 : BEB68000
s4 : 423F377C, s5 : 436FE6D0, s6 : 41FC0000, s7 : 41FC0000
t8 : 0D0D0D0D, t9 : 408D69F0, k0 : 4416A610, k1 : 00000028
```

图 3-5　内存缓存奇偶校验错误（cache parity error）

原因分析

引发本次故障的问题为内存缓存奇偶校验错误，导致网络设备软件系统崩溃。正常情况下，当主核心交换机发生故障时，其下联业务网络会自动切换至备用交换机，但本次故障是核心交换机IOS崩溃，其下联业务网络无法感知外网主核心交换机故障，故未切换至备用核心交换机，最终导致部分系统无法正常访问、I6000系统监控指标中断。

Products and Services Solutions Support Learn

Support / Product Support / Routers / Cisco 7200 Series Routers / Troubleshooting TechNotes /

Processor Memory Parity Errors (PMPEs)

Updated: May 25, 2016 **Document ID:** 6345

Contents

Introduction

This document explains what causes parity errors on Cisco routers, and how to troubleshoot them

图 3-6 思科官网相应的排错及分析

Route/Switch Processor (RSP), Network Processing Engine (NPE), and Route Processor (RP) Platforms

As with the Cisco 4000 series, the problem can be due to faulty DRAM or SRAM for these platforms. The problem can also be because of a defective processor card (RP, RSP or NPE). The Cisco 7000 and 7500 can also report parity errors generated by a faulty or badly seated Interface Processor (legacy xIP or VIP).

Check the crashinfo file and the console logs for one of these error messages:

Parity Error in DRAM or SRAM (MEMD)

For the RP, RSP and NPE, you usually see something like this:

```
Error: primary data cache, fields: data, (SysAD)
virtual addr 0x6058A000, physical addr(21:3) 0x18A000, vAddr(14:12) 0x2000
virtual address corresponds to main:data, cache word 0
```

or simply:

```
Error: primary data cache, fields: data, SysAD
phy21:3 0x201880, val4:12 0x1000, addr 63E01880
```

This indicates a problem on the RSP itself. If the problem only occurs once, it is most probably a transient issue.

图 3-7 故障现象描述

整改措施

（1）加强外网网络设备监控，时刻关注外网核心交换机运行状态。

（2）将外网核心交换机相关引擎板卡、业务板卡的备品备件放置机房，同时完成引擎板卡的测试和更换。

（3）制定设备更换方案，使用2台新购置的核心交换机替换现有外网核心交换机。

负载均衡会话超时策略配置不当导致业务系统中断

故障现象

2020年4月20日14时35分至15时20分，登录PMS2.0系统页面加载缓慢，I6000系统中PMS2.0“是否可以访问”数据状态、PMS2.0主页探测响应时间等指标异常告警。

故障处理

2020年4月20日14时30分，PMS2.0系统运维人员接到部分用户反映，登录PMS2.0系统页面加载缓慢，某公司立即组织开展排查。经检查，PMS2.0系统页面登录缓慢、系统主页面打开延时严重，期间PMS2.0系统健康运行时长正常，如图3-8所示。

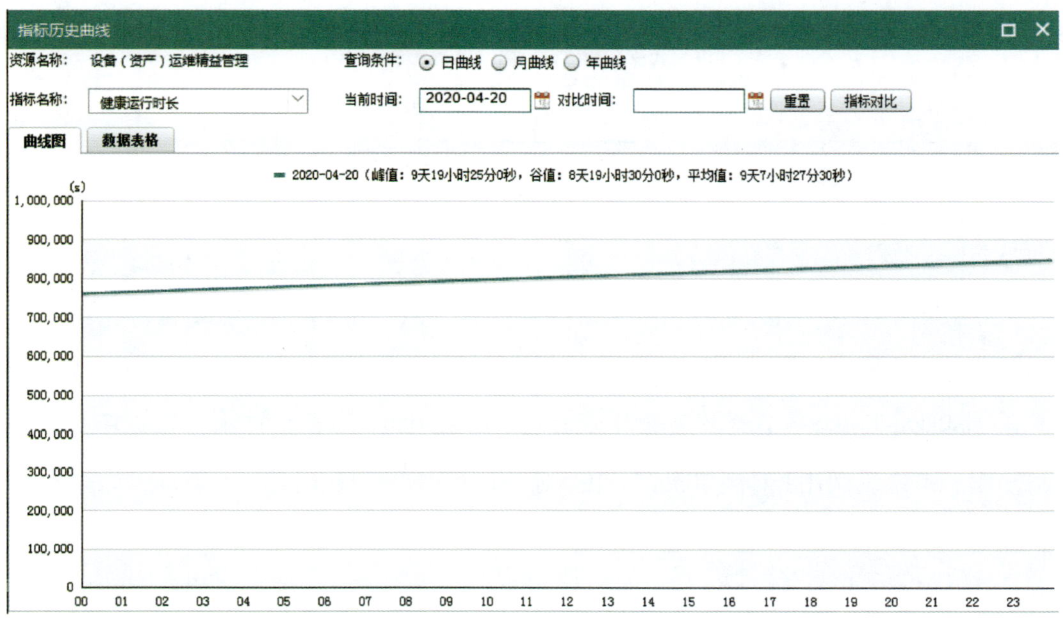

图3-8　PMS2.0系统健康运行时长正常

2020年4月20日14时48分，信息调度员向总部调度报告，I6000系统中PMS2.0“是否可以访问”数据状态异常，业务系统主页探测响应时间超时，并同时申请紧急抢修。

2020年4月20日14时49分，信息调度员向系统运维人员下达调度命令：对PMS2.0系统开展紧急抢修工作。

2020年4月20日14时50分，某公司启动PMS2.0系统故障现场处置方案，立即组织平台、系统、网络、基础设施等相关专业运维人员开始进行故障排查。经查，PMS2.0相关软件、硬件运行状态均正常，但系统页面访问仍缓慢。用户登录PMS2.0是通过调用统一权限系统（ISC）的统一认证服务进行用户登录验证，登录验证通过后，根据用户权限分别调用ISC菜单接口进行加载用户菜单、业务流程管理系统（BPM）业务接口加载用户待办业务事项，流程如图3-9所示。

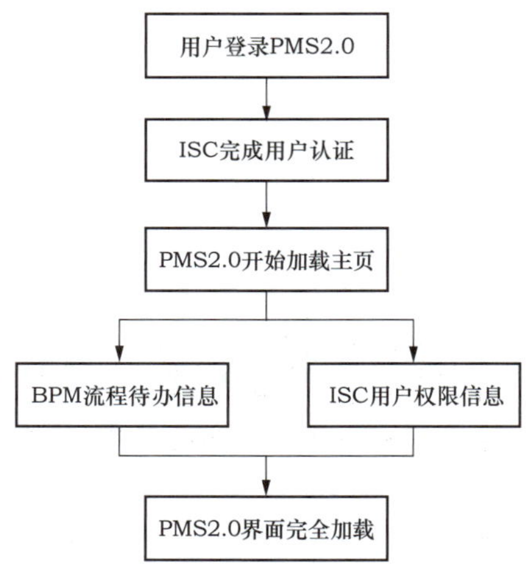

图3-9 用户登录PMS2.0流程图

2020年4月20日14时52分，组织PMS2.0、ISC、BPM、负载均衡等系统运维人员共同开展故障排查。经查，PMS2.0系统并发会话数激增，初步定位原因为大批量用户同时登录PMS2.0系统导致并发数高。分析PMS2.0系统日志，发现用户登录后，PMS2.0系统调用ISC接口报错，ISC对PMS2.0的响应超时，达600ms，如图3-10所示。

2020年4月20日15时00分，向信息调度汇报故障情况，申请释放异常的PMS2.0应用服务节点的无效链接，清理缓存。

```
<2020-4-20 下午02时51分51秒 CST> <Error> <WebLogicServer> <BEA-000337> <[STUCK] ExecuteThread: '73' for queue: 'weblogic.kernel.Default (self-tuning)' has been busy for
[
POST /sgpms/pmsbpm/rest/wfworkitem/queryWorkItemCount?rnd=0.08030817304530458 HTTP/1.1
Connection: keep-alive
Content-Length: 47
Accept: application/json, text/javascript, */*; q=0.01
Origin: http://pms2.cq.sgcc.com.cn
X-Requested-With: XMLHttpRequest
User-Agent: Mozilla/5.0 (Windows NT 6.1) AppleWebKit/537.36 (KHTML, like Gecko) Chrome/65.0.3325.181 Safari/537.36
Content-Type: application/json
Referer: http://pms2.cq.sgcc.com.cn/sgpms/portal/bzcurtaskpage/index.jsp
Accept-Encoding: gzip, deflate
Accept-Language: zh-CN,zh;q=0.9
Cookie: IPCZQX03a36c6c0a=1501f5010ab9023dbe8da6baa892666ebe9f1068; JSESSIONID1=0YGG9_VHw9Ib0XRGdrcRKZ4nXe0VgmsxN1oi7bpa78j6ytN7cOMr!-682905349!-1050739423

]", which is more than the configured time (StuckThreadMaxTime) of "600" seconds. Stack trace:
  java.net.SocketInputStream.socketRead0(Native Method)
  java.net.SocketInputStream.read(SocketInputStream.java:129)
  java.io.BufferedInputStream.fill(BufferedInputStream.java:218)
  java.io.BufferedInputStream.read1(BufferedInputStream.java:258)
  java.io.BufferedInputStream.read(BufferedInputStream.java:317)
  weblogic.net.http.MessageHeader.isHTTP(MessageHeader.java:226)
  weblogic.net.http.MessageHeader.parseHeader(MessageHeader.java:148)
  weblogic.net.http.HttpClient.parseHTTP(HttpClient.java:497)
  weblogic.net.http.HttpURLConnection.getInputStream(HttpURLConnection.java:412)
  weblogic.net.http.SOAPHttpURLConnection.getInputStream(SOAPHttpURLConnection.java:37)
  com.primeton.access.client.impl.transport.HttpToolKit.callCommonService(HttpToolKit.java:93)
  com.primeton.access.client.impl.transport.HttpTransportSender.doSend(HttpTransportSender.java:32)
  com.primeton.access.client.impl.transport.AbstractTransportSender.send(AbstractTransportSender.java:29)
  com.primeton.ext.access.client.ServiceClient.send(ServiceClient.java:53)
  com.primeton.access.client.impl.ClientMessageInterceptor.invoke(ClientMessageInterceptor.java:87)
  com.primeton.system.aop.impl.HandlerInvoker.invoke(HandlerInvoker.java:60)
  com.primeton.system.aop.impl.JdkProxyUtil$JdkInvocationHandlerWrapper.invoke(JdkProxyUtil.java:48)
  com.sun.proxy.$Proxy5610.queryPersonWorkItems(Unknown Source)
  sun.reflect.GeneratedMethodAccessor639.invoke(Unknown Source)
  sun.reflect.DelegatingMethodAccessorImpl.invoke(DelegatingMethodAccessorImpl.java:25)
  java.lang.reflect.Method.invoke(Method.java:597)
  com.eos.workflow.api.client.ClientInvokeProxy.invoke(ClientInvokeProxy.java:93)
  com.sun.proxy.$Proxy5611.queryPersonWorkItems(Unknown Source)
  org.gotower.bpm.api.impl.BPMWorklistQueryManager.queryPersonWorkItems(BPMWorklistQueryManager.java:220)
```

图 3-10 ISC 对 PMS2.0 的响应超时

2020年4月20日15时20分，PMS2.0应用服务节点缓存清理完成，PMS2.0系统主页探测访问恢复正常。向信息调度汇报故障抢修结束。

原因分析

PMS2.0属于统推二级部署系统，数据库为Oracle，采用RAC（3台服务器）部署在曙光TS860服务器上；中间件为Weblogic，部署在实体机服务器（10台）、虚拟机服务器（6台），通过F5负载均衡对外提供服务，服务有PMS2.0主服务（32节点）、接口服务（6个节点）、消息服务（6个节点）、任务调度服务（2个节点）、空间信息服务（3个节点）、移动作业接口（2个节点）、营配接口服务（2个节点）。

经过对某公司PMS2.0页面访问异常的问题排查，初步排查原因是近期某公司运检专业开展基础数据治理，PMS2.0系统并发用户数量增多，正常时并发量500~1000人，故障发生时并发量近4000人，导致系统调用ISC前置服务超时，如图3-11所示，PMS2.0系统页面登录缓慢、系统主页面打开出现延时，I6000系统中PMS2.0系统“是否可以访问”数据状态异常、业务系统主页探测响应时间超时。

经进一步核查系统日志，在2020年4月20日08时49分系统也出现过调用ISC前置服务超时的报错信息，但由于其立即自动恢复了，未出现I6000系统主页探测响应时间超时的告警信息。

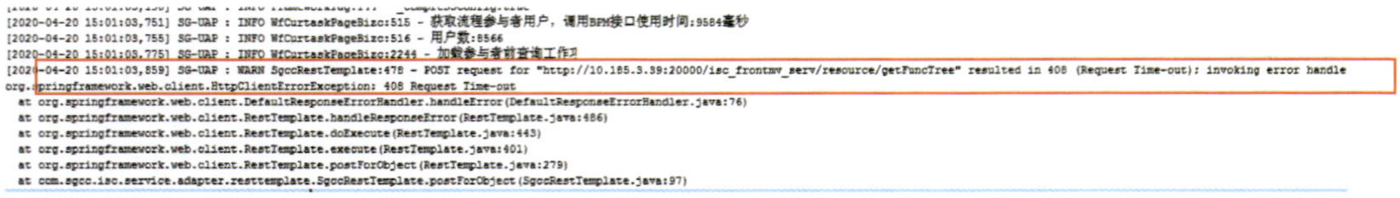

```
[2020-04-20 15:01:03,751] SG-UAP : INFO WfCurtaskPageBizc:515 - 获取流程参与者用户，调用BPM接口使用时间:9584毫秒
[2020-04-20 15:01:03,755] SG-UAP : INFO WfCurtaskPageBizc:516 - 用户数:8566
[2020-04-20 15:01:03,775] SG-UAP : INFO WfCurtaskPageBizc:2244 - 加载参与者前查询工作项
[2020-04-20 15:01:03,859] SG-UAP : WARN SgccRestTemplate:478 - POST request for "http://10.185.3.39:20000/isc_frontmv_serv/resource/getFuncTree" resulted in 408 (Request Time-out); invoking error handle
org.springframework.web.client.HttpClientErrorException: 408 Request Time-out
  at org.springframework.web.client.DefaultResponseErrorHandler.handleError(DefaultResponseErrorHandler.java:76)
  at org.springframework.web.client.RestTemplate.handleResponseError(RestTemplate.java:486)
  at org.springframework.web.client.RestTemplate.doExecute(RestTemplate.java:443)
  at org.springframework.web.client.RestTemplate.execute(RestTemplate.java:401)
  at org.springframework.web.client.RestTemplate.postForObject(RestTemplate.java:279)
  at com.sgcc.isc.service.adapter.resttemplate.SgccRestTemplate.postForObject(SgccRestTemplate.java:97)
```

图 3-11　故障时 PMS2.0 调用 ISC 前置服务超时截图

由于负载均衡上会话保持时间设置为30min，在故障期间，部分用户、I6000系统探测程序均会持续连接到同一节点上，系统主页探测持续异常。

整改措施

（1）优化PMS2.0与ISC调用接口配置，优化无效链接释放机制，提升资源调配效率。

（2）举一反三，排查各系统与ISC的调用过程，优化接口配置。

（3）完善各系统监控手段，加强业务系统监控，在出现故障时及时发现、处置，避免影响扩大。

（4）完善故障处置手段，优化现场故障处置方案中系统卡顿场景下的处置流程和处置方法。

（5）优化PMS2.0系统负载均衡的配置方式，将“会话保持”超时时间修改为10min。

负载均衡健康检测模式配置缺陷导致系统访问中断

故障现象

2023年2月1日12时45分至13时30分，总部系统调用某公司业务连接平台接口服务出现异常，导致缴费业务无法正常使用。

故障处理

2023年2月1日12时45分，总部调度监控发现某公司业务连接平台接口服务超时，要求某公司立即开展故障排查处置。收到通知后，某公司迅速启动一体化缴费平台应急处置方案，组织运维人员开展问题排查，并同步告知本地客服坐席，做好相关话务解释工作。

2023年2月1日12时49分，总部调度组织网上国网省侧、一体化缴费平台及网络运维相关人员经总部某调度授权，登录相应系统、负载均衡、网络设备，开展应用服务、F5负载均衡、防火墙策略排查。发现网上国网省侧访问一体化缴费平台负载地址连接超时报错。

2023年2月1日13时00分，总部客服中心反馈某公司网上国网用户交费功能异常。

2023年2月1日13时01分，经网上国网省侧、一体化缴费平台运维人员排查业务系统服务运行情况，通过查看进程状态和运行日志未发现报错信息。但一体化缴费平台未产生交易日志。

2023年2月1日13时05分，网络运维人员排查网上国网省侧至一体化缴费平台负载均衡节点及其下4台业务服务节点端口联通情况，发现网上国网省侧至一体化缴费平台1号节点端口访问状态异常，通过Telnet测试返回值为“time out”，其余3台业务服务节点端口访问正常。

2023年2月1日13时15分，网络安全运维人员排查防火墙策略并确认策略正常。

2023年2月1日13时28分，一体化缴费平台运维人员重启1号节点服务，未重启节点。

2023年2月1日13时30分，1号节点服务显示重启成功，网上国网省侧业务连接平台至一体化缴费平台负载均衡节点访问恢复正常。

2023年2月1日13时31分，网上国网缴费渠道恢复正常，并反馈总部调度系统功能恢复。

2023年2月1日13时37分，网上国网缴费业务恢复正常。

原因分析

1. 基本情况

某公司业务连接平台作为公司电费交费的核心系统，业务链路通过一体化缴费平台接口接收，然后通过营销业务交费接口服务进行档案查询、余额查询和欠费信息查询确认，上述3个查询完成后返回信息给交费前置完成各种渠道交费业务。具体业务流程如图3-12所示。

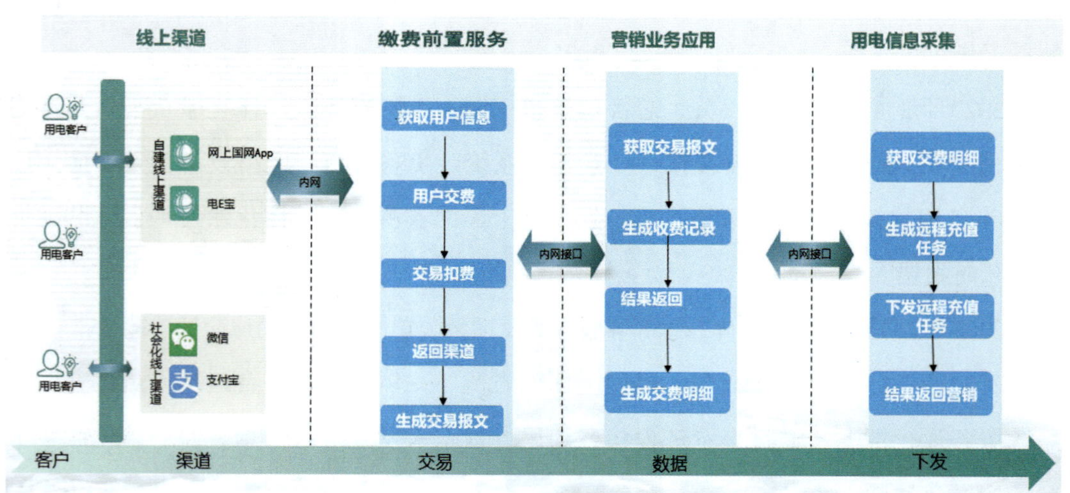

图3-12　某公司线上交费流程图

2. 技术原因

（1）一体化缴费平台1号节点出现异常后业务连接数变为0，而负载均衡当前健康检测模式为ICMP检测，该模式过于简单，导致在检测到一体化缴费平台1号节点IP存活时，认定节点处于正常状态，将流量继续全部转发至1号节点，导致业务异常。

健康检测状态为PING模式下的节点连通情况，一体化缴费平台1号节点检测记录为：自1月13日19时54分开始变为可用，2月1日重启服务时负载均衡未更新节点可用起始时间记录，记录信息如图3-13所示。

Local Traffic » Pools : Pool List » pool_ythjfgsgw_21008

Properties | Members | Statistics

Member Properties

Node Name	
Address	
Service Port	21008
Partition / Path	Common
Description	
Parent Node	
Availability	Available (Enabled) - Pool member is available 2023-01-13 19:54:28 检测到上次服务可用开始时间
Health Monitors	gateway_icmp 健康监测模式为ping检测
Monitor Logging	Enable
Current Connections	0
State	Enabled (All traffic allowed) Disabled (Only persistent or active connections allowed) Forced Offline (Only active connections allowed)

图3-13　负载均衡关于1号节点记录信息

一体化缴费平台池节点分发策略为最小连接数。

由于健康检测机制未发现1号节点服务异常（异常时IP地址可以PING通，但服务端口测试失败，健康检测仅检测IP地址能否PING通，未检测端口是否正常）且节点异常时无法对外提供服务造成连接数最小，因此由最小连接数优先策略导致新增连接全部分发给异常节点，导致新增访问全部异常。

（2）线上交费业务高峰期，一体化缴费平台接口服务并发量短时间增大，一体化缴费平台接口服务并发量增大截图如图3-14所示，且当时负载均衡在ICMP检测模式下，正向1号节点进行负载集中分发，导致网上国网缴费全业务量集中在1号节点，负载短时间内过高，1号节点服务无法处理网上国网短时间内的大量请求，从而对业务请求的响应变得非常缓慢，使得接口服务出现假死状态，由于1号节点IP地址仍可以PING通，但1号节点异常时无法对外提供服务造成连接数最小，负载均衡根据最小连接数优先策略导致新增连接全部分发给1号节点，导致后续新增访问全部异常。

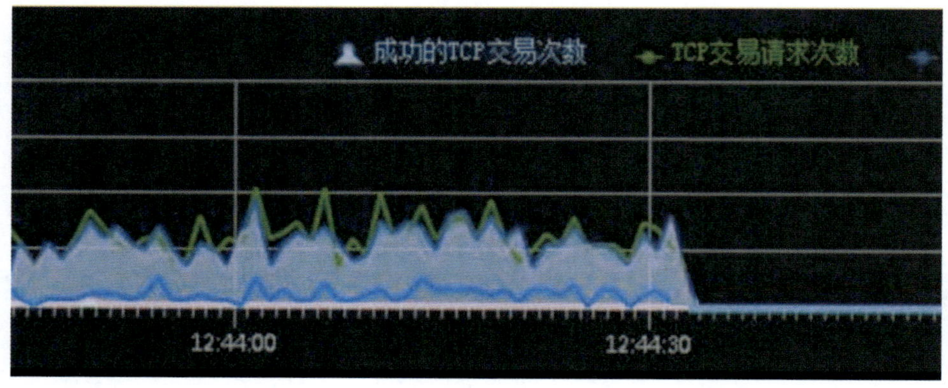

图 3-14　一体化缴费平台接口服务并发量增大截图（科莱流量设备监测）

整改措施

（1）规范负载均衡健康检测状态。将负载均衡健康检测模式修改为服务端口检测，即此次排查过程中的方法（负载均衡检测节点的一体化缴费平台服务端口是否可以连通，若测试正常则判断节点存活），使负载均衡能够及时检测到服务异常并将故障节点踢出分发范围，一体化缴费平台负载均衡节点健康检测模式已整改为Telnet检测模式。同时举一反三，针对公司管理信息大区及互联网大区各区域的所有负载均衡业务展开排查，杜绝此类问题造成其他业务系统异常。

（2）预防性维护一体化缴费平台。针对不同缴费渠道接口服务，进一步强化每周对系统的全面深度巡检和预防性维护工作，梳理业务访问、数据传输防火墙安全策略，确保各链路安全畅通。此外，时刻关注系统节点服务器的资源空间占用情况，根据业务需要，及时扩充节点服务器资源空间，并严格设定系统服务节点每周自动重启设置，避免业务高峰期间系统某一服务节点再次发生宕机的情况。持续完善现场处置方案，便于后期高效处置一体化缴费平台运行突发事件。

案例 7

负载均衡设备配置不当导致业务系统监测告警

故障现象

2022年11月22日15时45分，信息调度收到性能监测中断告警，同时接总部调度电话通知调用某公司业务连接平台接口成功率下降至30%，15时56分调用成功率下降至20%并呈逐步下降趋势。

故障处理

2022年11月22日15时45分，调度员收到网上国网省侧业务连接平台性能监测指标中断告警，同时接总部信调电话通知调用某公司网上国网省侧业务连接平台接口成功率下降至30%，立即通知运维人员排查处置，并组织人员按照《网上国网省侧业务连接平台现场处置方案》开展紧急抢修工作。

2022年11月22日15时55分，网上国网省侧业务连接平台运维人员排查网上国网省侧业务连接平台服务运行状态，尝试通过网上国网省侧业务连接平台负载均衡地址进行访问测试，发现大部分终端无法正常打开系统页面。网上国网省侧业务连接平台的业务单节点均可以PING通，telnet地址加端口通。

2022年11月22日16时10分，负载均衡运维人员排查网上国网省侧业务连接平台业务所在的负载均衡设备的配置策略，网上国网省侧业务连接平台虚拟服务及节点池配置均正常，实节点状态正常。

2022年11月22日16时25分，总部信调针对本次事件与某公司召开线上紧急会议，指导某公司从系统、网络、防火墙策略等方面进行排查处置。

2022年11月22日16时40分，网络运维人员排查总部到本地、本地域间防火墙策略均正常；网上国网省侧业务连接平台服务器及上联设备网络正常，出入流量正常，未发现业务路由配置异常情况。

2022年11月22日16时45分，网上国网省侧业务连接平台运维人员对业务负载均衡地址持续进行PING测试及telnet 10080端口测试，PING测试均正常，telnet 10080端口时通时断。

2022年11月22日16时52分，网络运维人员进一步排查汇聚交换机及接入交换机的ARP信息表，发现汇聚交换机ARP表中网上国网省侧业务连接平台负载均衡IP对应的MAC地址与实际业务负载所在H3C负载均衡设备接口MAC地址不一致，猜测可能存在IP地址争用问题。

2022年11月22日17时00分，经排查最终发现两套负载均衡设备（一套为H3C设备，一套为F5设备）均存在同一IP地址的配置，初步怀疑两套设备上由于启用同一IP地址，导致IP地址争用。

2022年11月22日17时10分，经过分析，运维人员将F5负载均衡设备上的网上国网省侧业务连接平台相关虚拟服务及*.*.*.*相关SNAT池配置删除。

2022年11月22日17时20分，网上国网省侧业务连接平台业务地址及端口telnet测试成功，某调度监控性能监测系统网上国网省侧业务连接平台指标恢复。

2022年11月22日17时22分，某公司调度与总部信通调度核实网上国网省侧业务连接平台接口调用成功率及性能监测指标恢复情况，总部信通调度回复：接口调用成功率已恢复，性能监测指标待恢复。

2022年11月22日17时30分，总部信通调度来电告知性能监测指标恢复正常。

原因分析

某公司2022年11月计划开展北机房搬迁工作，计划将北机房中A负载均衡设备整体进行搬迁，为减少设备搬迁过程中系统停运时长，同时也是为做好应急措施，考虑后续安排，9月份将A负载均衡设备上的配置迁移备份至B负载均衡设备用于应急。为防止发生业务冲突，因此对备份策略端口进行了调整，由10080配置为11080，同时将*.*.*.*地址加入B设备的SNAT地址池。配置完后未发现异常，后搬迁工作暂停，现有B设备上配置一直保留。

2022年11月22日，某公司新部署的作业安全管控系统申请负载均衡相关资源，运维人员于11时00分左右完成虚拟服务配置，在配置B虚拟服务时引用前期配置的SNAT地址池。15时30分实施人员对虚拟服务开始进行业务验证，B虚拟服务向实节点进行流量分发时，调用SNAT地址池里的*.*.*.*地址进行转发，触发汇聚交换机发生ARP缓存更新，将*.*.*.*对应的MAC地址由原来A设备的接口MAC更新为B设备接口MAC，导致在调用*.*.*.*:*接口服务时,将本应转发到A负载均衡设备上的请求，转发至B负载均衡设备，又因B负载均衡设备上没有对应的端口策略，导致业务请求无响应，最终导致国网调用某公司网上国网省侧业务连接平台接口成功率下降，同时也导致性能监测产生监控指标异常告警。

因A负载均衡设备开启免费ARP请求配置，会主动触发汇聚交换机ARP表更新，导致ARP表对*.*.*.*的解析在B设备和A设备上来回切换，造成业务时通时断。

整改措施

（1）开展负载均衡配置全面排查。全面排查负载均衡设备在不同设备上配置相同负载IP地址的情况，排查负载均衡设备上是否存在过期的启用状态的负载均衡策略，对过期并处于启用状态的负载均衡策略执行删除操作。

（2）加强负载均衡策略配置变更作业管控力度。对于涉及负载均衡重要策略变更的操作，作业前必须组织对方案进行严格审核，审核后才可执行操作。操作过程须全程进行监督，避免出现类似问题发生。

（3）完善负载均衡设备运维工作标准。①完善IP地址使用管理规范，强化IP地址使用规范的刚性执行。②制定负载均衡设备运维工作标准，明确设备虚服务配置规范、节点池配置规范、健康检查配置规范等，在日常运维工作中严格遵循运维标准开展工作。

（4）完善网上国网省侧业务连接平台现场处置方案。分析完善网上国网省侧业务连接平台现场处置方案，根据本次事故经验，完善在IP地址冲突情况下的故障现象、需开展排查工作的运维对象、故障处置措施等，便于后续发生类似故障情况下快速恢复业务。

案例 8

F5 轮询机制不合理导致业务系统监测告警

故障现象

2020年1月25日5时14分，某公司信息调度发现增值税发票系统页面探测出现断点，健康运行时长、在线用户数正常。立即联系运维人员开展故障排查。

故障处理

2020年1月25日5时19分，某公司信调值班员立即联系相关运维人员马上开展排查工作，通知相关人员及时到场进行技术支持。

2020年1月25日5时40分，系统运维人员对增值税发票所有节点页面登录情况进行检查，未见异常。

2020年1月25日5时45分，系统运维人员发现异常节点是增值税发票外网*.*.*.*:*，并对日志进行保留分析。

2020年1月25日5时55分，中间件日志显示连接数据库JDBC异常，为了尽快恢复监控，重启*.*.*.*服务器节点程序（硬件未重启）。

2020年1月25日6时15分，重启过程中发现tomcat中间件连接隔离装置JDBC仍报错，如图3-15所示，导致该节点不能正常提供服务。

2020年1月25日6时30分，系统运维人员联系增值税发票厂商获取技术支持，厂商通过日志分析回复，可以尝试重新配置JDBC或者隔离装置重新生成连接串。

2020年1月25日7时00分，联系隔离装置运维人员到场，检查隔离装置集群三台服务器运行情况。

2020年1月25日8时00分，经检查隔离装置服务器运行正常。

2020年1月25日8时10分，运维人员测试连接隔离装置链路正常并尝试重启服务。

2020年1月25日8时30分，运维人员重新配置连接隔离装置的JDBC连接串。增值税

```
        ... 60 more
Caused by: java.sql.SQLException: Connection reset
        at sgcc.nds.jdbc.driver.NdsConnection.<init>(NdsConnection.java:242)
        at sgcc.nds.jdbc.driver.NdsDriver.connect(NdsDriver.java:155)
        at org.apache.commons.dbcp.DriverConnectionFactory.createConnection(DriverConnectionFactory.java:38)
        at org.apache.commons.dbcp.PoolableConnectionFactory.makeObject(PoolableConnectionFactory.java:582)
        at org.apache.commons.dbcp.BasicDataSource.validateConnectionFactory(BasicDataSource.java:1556)
        at org.apache.commons.dbcp.BasicDataSource.createPoolableConnectionFactory(BasicDataSource.java:1545)
        ... 64 more
2020-01-25 05:01:48 487 [com.fapiao.interfac.inf.impl.GetKPIValueImpl:179]-[INFO] <?xml version="1.0" encoding="gb2312"?><return><status>success</status>
message>结果返回成功</message><Corporation id="?19"><api name="BusinessSystemOnlineNum"><value>0</value></api><api name="BusinessSystemSessionNum"><value
0<
/value></api><api name="BusinessSystemResponseTime"><value>0</value></api><api name="BusinessDayLoginNum"><value>0</value></api><api name="BusinessSystem
unningTime"><value>5469370</value></api><api name="BusinessVisitCount"><value>25617</value></api><api name="BusinessSystemDBTime"><value>1.71</value></ap
></Corporation></return>
2020-01-25 05:07:38 665 [com.fapiao.interfac.inf.impl.GetKPIValueImpl:39]-[INFO] webserivce收到请求：<?xml version="1.0" encoding="gb2312"?><info><Corpor
t
ionCode>?19</CorporationCode><Time>2020-01-25 05:05:00</Time><api name="BusinessSystemResponseTime"></api><api name="BusinessSystemRunningTime"></api><ap
 name="BusinessSystemSessionNum"></api><api name="BusinessSystemOnlineNum"></api><api name="BusinessVisitCount"></api><api name="BusinessDayLoginNum"></a
i><api name="BusinessSystemDBTime"></api></info>
2020-01-25 05:07:38 667 [com.fapiao.interfac.services.impl.GetKPIValueServiceImpl:290]-[INFO] 2020-01-25 05:07:38系统服务响应时长：0
2020-01-25 05:07:38 669 [com.fapiao.interfac.services.impl.GetKPIValueServiceImpl:336]-[INFO] init time:Fri Nov 22 21:26:23 CST 2019
```

图 3-15　JDBC 连接报错

发票系统应用服务器均是外网部署，外网应用服务节点通过配置JDBC连接到隔离装置的代理库，再由隔离装置连接到内网增值税发票数据库。

2020年1月25日8时50分，系统运维人员重启*.*.*.*应用服务，成功。

2020年1月25日9时00分，系统运维人员对所有节点验证，服务正常，F5负载均衡正常。

2020年1月25日9时10分，系统恢复正常。

原因分析

增值税发票系统应用服务为tomcat集群部署，数据库Oracle双机RAC模式部署。

增值税发票系统*.*.*.*节点异常，由于F5轮询机制不合理导致页面和指标异常，部分用户不可用，重启过程中因JDBC连接异常导致处置时间较长，具体分析如下：

（1）F5负载均衡访问页面健康检查机制需要优化。增值税发票系统业务访问地址是*.*.*.*，采用F5负载均衡。F5负载分发是采用轮询机制，当分发到*.*.*.*节点时就会出现等待，直至打开超时（该节点JDBC连接失效导致）。若分发到其他节点则访问正常，如图3-16所示。F5页面访问健康检查机制采用TCP协议，如图3-17所示，在程序处于长时间等待时端口18081探测是正常的，不能有效的把该故障节点剔除。

（2）JDBC连接错误。在重启*.*.*.*节点时遇到JDBC连接隔离装置问题，隔离装置设备无异常日志。tomcat中间件到隔离装置JDBC失效。经核查在11月22日检修时，为了配合营销业务应用新增发票字段而进行程序升级，同时优化配置JDBC连接串（更新隔离装置驱动包路径），在未正常重启清理缓存情况下，此时使用的是缓存中的驱动

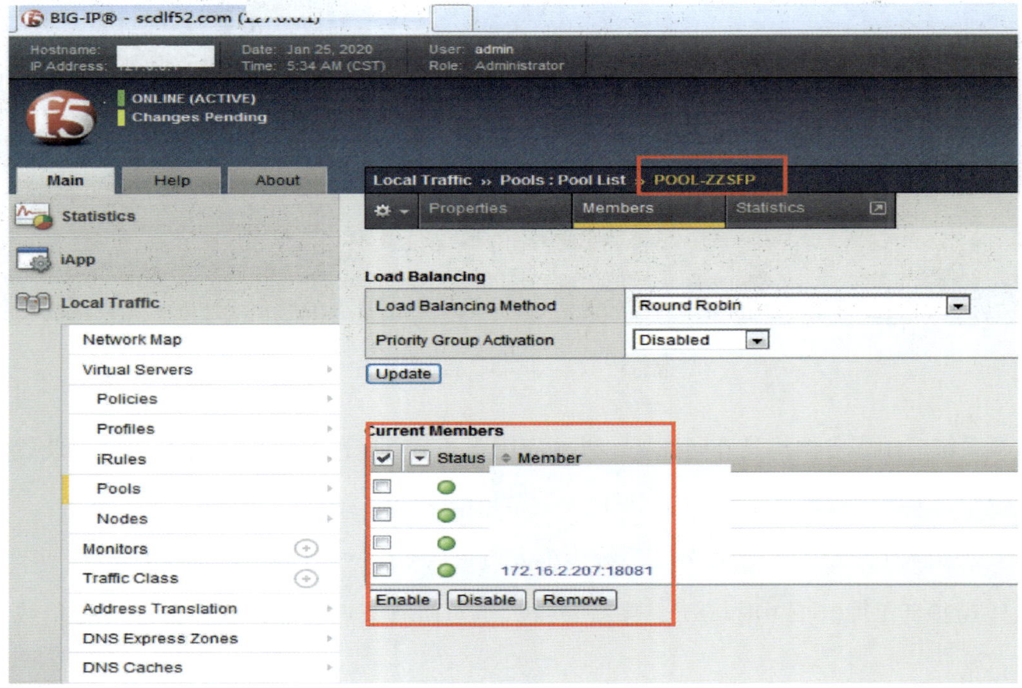

图 3-16　检查 F5 设备上各节点状态检查

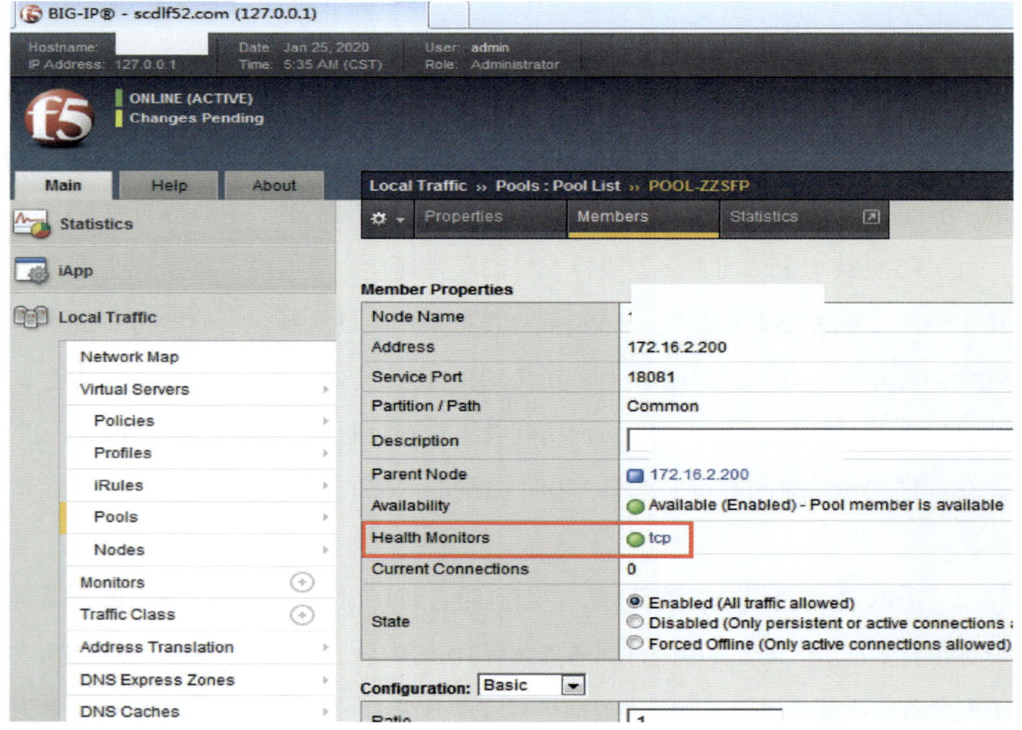

图 3-17　F5 页面访问健康检查机制采用 TCP 协议

包路径。在系统执行定期清理中间件缓存任务后，重新生成缓存时因驱动包路径更新生效无法正常连接数据库，重新配置JDBC连接后，重启*.*.*.*节点成功。

在以下两种情况下需清理tomcat缓存：①在系统检修时，重启应用服务前要清理缓存、日志；②采用脚本监测，当磁盘空间使用超过85%时，执行清理缓存、日志脚本。

整改措施

（1）加强服务器巡视巡检，确保应用节点运行正常。

（2）及时联系增值税发票厂商开发健康检查页面，采用页面返回值的方式，超时就直接从F5负载中剔除。

（3）针对系统检修，进一步强化检修计划及过程管控，检修前充分开展故障预想，提前制定检修突发情况下的应急措施，全面考虑带来的影响，选取最合理的方法，避免解决一个问题却引起其他问题。

（4）加强检修完成后的业务验证和保障力度，同时将相关故障预想加入现场处置预案，提升应急处置水平。

案例 9

链路故障导致资源池物理机重启

故障现象

2020年6月12日22时55分，某信息调度监控发现全业务统一数据中心数据管理组件I6000系统监控状态异常，健康运行时长、累计访问人次指标中断，URL探测异常，性能监测指标异常。

故障处理

2020年6月12日22时55分，全业务统一数据中心数据管理组件运维人员接到信调值班员电话告知系统I6000系统指标监测功能异常,随即开展排查。

2020年6月12日23时20分，主机运维人员初步判断是由于虚拟机状态异常影响了访问,具体原因需要进一步检查日志。

2020年6月12日23时25分，通过运维审计平台登录2台应用服务器，但此时数据管理组件主页无法访问，I6000系统监控各项指标存在异常。

2020年6月12日23时30分，对操作系统日志进行分析，发现全业务统一数据中心数据管理组件2台虚拟机的操作系统在22时54分时有启动日志。

2020年6月12日23时35分，登录全业务统一数据中心数据管理组件1号应用服务器按照应急预案对tomcat中间件进行恢复操作，启动服务。

2020年6月12日23时40分，登录全业务统一数据中心数据管理组件2号应用服务器按照应急预案对tomcat中间件进行恢复操作，启动服务。

2020年6月12日23时45分，全业务统一数据中心数据管理组件应用恢复正常。

原因分析

某公司全业务统一数据中心数据管理组件部署应用服务器2台,数据库服务器2台,其中2台应用服务器为虚拟机，2台数据库为物理机。

对比在22时45分至23时45分期间，全业务统一数据中心数据管理组件虚拟主机日志与宿主机日志，发现22时49分时资源池平台宿主机与资源池平台管理节点连接超时。

2020年6月12日22时53分时触发群集HA功能，如图3-18所示，当管理节点连接宿主机超时，群集HA功能判定宿主机宕机，将宿主机重启，将虚拟机迁移到其他资源充足的正常宿主机上启动虚拟机，其间的操作系统时间间断为VM系统时间+15s左右的心跳检测时间，这个过程时间通常能够保持在5min之内。HA功能是为了尽量缩短操作系统宕机时间，若不开启HA功能需人为干预启动虚拟机，开启此功能是为了保证操作系统的间断时间在5min之内。

```
2020-06-12 22:53:44 [ERROR] [pool-11-thread-7] [com.virtual.plat.server.ha.HaHandler::writeOperLog] Restart_result:0
2020-06-12 22:53:47 [ERROR] [pool-11-thread-2] [com.virtual.plat.server.ha.HaHandler::writeOperLog] Restart_result:0
2020-06-12 22:53:49 [ERROR] [pool-11-thread-2] [com.virtual.plat.server.ha.HaHandler::writeOperLog] Restart_result:0
2020-06-12 22:53:50 [ERROR] [pool-11-thread-7] [com.virtual.plat.server.ha.HaHandler::writeOperLog] Restart_result:0
2020-06-12 22:54:45 [ERROR] [pool-11-thread-7] [com.virtual.plat.server.ha.HaHandler::writeOperLog] Restart_result:0
2020-06-12 22:54:48 [ERROR] [pool-11-thread-2] [com.virtual.plat.server.ha.HaHandler::writeOperLog] Restart_result:0
2020-06-12 22:54:48 [ERROR] [pool-11-thread-7] [com.virtual.plat.server.ha.HaHandler::writeOperLog] Restart_result:0
2020-06-12 22:54:59 [ERROR] [pool-11-thread-2] [com.virtual.plat.server.ha.HaHandler::writeOperLog] Restart_result:0
```

图 3-18　HA 重启虚拟机日志

操作系统于2020年6月12日22时54分启动，造成服务中断。

查看虚拟机上操作系统日志，得到验证，发现全业务统一数据中心数据管理组件2台虚拟机的操作系统在22时54分时执行了系统启动过程，因此导致全业务统一数据中心数据管理组件停运、与I6000系统连接中断。

结合上述排查过程，初步分析是因资源池平台宿主机与资源池平台管理节点之间的链路有故障，光纤光衰严重，有大量丢包导致连接超时(PING32字节小包能正常，PING1000字节大包会有严重的丢包现象)，触发群集HA功能，将资源池平台宿主机重启，进而将部署的虚拟机重启。通过进一步检查，发现宿主机管理网络延时故障之所以会触发宿主机重启，是由于资源池平台默认配置是宿主机非正常断网时，HA功能会将宿主机重启，已将相关问题提交至软件开发厂商，请厂商协助更改默认配置。

整改措施

（1）加强对资源池平台宿主机和管理节点链路的监控。

（2）将该资源池宿主机上虚拟机迁移到其他宿主机上，然后将该宿主机暂时踢出资源池集群，在该宿主机问题排查清楚并解决后再加入集群。

（3）配置备用链路，避免出现网络超时，更改资源池 HA 默认配置。

案例10

无线专网负载过高造成统一视频画面质量异常

故障现象

2022年2月16日10时25分，统一视频平台出现部分安监布控球视频画面卡顿、绿屏、花屏的现象，此时正值用户访问高峰期，影响范围涉及4家地市公司，21个作业现场，共30台布控球。

故障处理

2022年2月16日10时25分，统一视频项目组接到用户反馈，部分安监作业现场的布控球视频，存在卡顿、绿屏、花屏现象，项目组检查了平台状态，但未发现平台服务存在异常，且问题视频只出现在安监无线布控球上，有线视频正常。

2022年2月16日11时00分，为及时恢复视频，对平台的通信和流媒体服务进行了重启，重启后问题视频暂时恢复正常，但用户访问量较大时，问题依然会出现，后通过减少问题视频访问量，只保留省市两级安管中心调阅等措施后，问题暂时得到解决。

2022年2月16日11时30分，某公司组织网络、安全、运营商等多方人员同步开展链路排查工作。技术专家通过观察问题期间网络带宽占用情况发现，故障期间的带宽占用率很高，几乎满载。通常情况下，当带宽占用率大于70%时，视频画面开始出现卡顿、花屏、绿屏等现象，带宽占用率接近100%时，视频画面将无法观看，初步定位问题原因为带宽占用过高导致，带宽占用如图3-19所示。

问题期间，在运的安监布控球只有30台，正常情况下，分辨率为720P的布控球视频传输带宽在800kB~2MB之间，30台布控球带宽占用量最大也不会超过60MB。为进一步排查带宽占用过高的问题，通信技术专家通过网络回溯分析系统，对出现这种现象的布控球进行定位追溯，发现部分布控球视频传输持续占用带宽在10MB以上，带

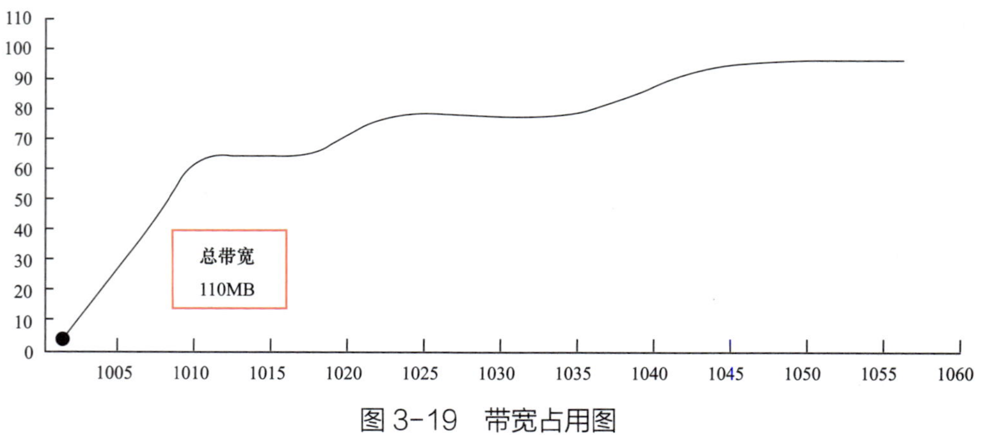

图 3-19　带宽占用图

宽占用量远大于2MB，经分析发现占用10MB以上带宽的布控球存在多路视频转发的现象。正常情况下，布控球对统一视频平台只转发一路视频，再由平台流媒体服务进行多用户分发。布控球多路视频转发会导致带宽占用量成倍增加，同时也会超出布控球侧无线网卡的处理能力，造成视频断流等情况的发生。

2022年2月16日14时30分，统一视频平台通过抓包以及日志分析，发现出现多路视频转发的布控球，网络频繁丢包，导致布控球侧无法接收到平台侧发送的关闭取流的信令，致使正常的关闭流程无法形成闭环，设备端依旧正常发流。平台向布控球下发了多次关闭视频的消息，均未收到布控球侧的回应。

2022年2月16日16时00分，统一视频平台研发组优化了平台的信令处理逻辑，增加了流媒体检测视频流超时机制，经测试，有效杜绝多路转发的问题。

原因分析

（1）无线专网的带宽负载率过高，大于70%时，画面开始出现卡顿、花屏、绿屏等现象，带宽占用率接近100%时，视频画面将无法观看。

（2）布控球视频接入协议为UDP，该协议为不可靠协议，在网络情况差的环境下，可能出现信令丢失的情况，导致布控球侧无法接收到平台侧发出的关闭取流的信令，布控球依旧正常发流。当客户端再次发送取流指令后，设备端将新建一条视频传输通道，从而导致多路转发的情况出现，同一视频占用的带宽将成倍增加，最终导致总带宽接近满载，从而出现视频卡顿、花屏、绿屏等问题。

整改措施

针对用户调阅量较大的场景，在平台侧创建独立的通信和流媒体分组支撑应用，并根据设备数量的多少，适当增加流媒体服务的部署节点，以确保当用户集中大量调阅时，不会出现因服务负载过高或者单节点故障等因素引起的视频缺陷。

第四章

存储设备故障分析与处理

案例 1

SAN 交换机软件故障导致业务系统监控异常

故障现象

2022年11月16日17时50分，某公司ERP系统I6000系统监控状态异常，17时55分某调度监控发现ERP、财务管控、内网门户系统I6000系统监控状态异常。期间，健康运行时长和在线用户数指标中断，URL探测指标异常，经验证系统无法正常访问。

故障处理

2022年11月16日17时50分，某公司ERP系统I6000系统监控状态异常。期间，健康运行时长和在线用户数指标中断，URL探测指标异常。

2022年11月16日18时03分，系统运维人员及网络、主机运维人员处理排查故障，立即启动“ERP、财务管控、内网门户系统应急预案及快速恢复方案”。

2022年11月16日18时10分，运维人员进入数据中心机房开展硬件状态排查。

2022年11月16日18时10分至18时30分，网络运维人员到现场检查管理信息大区网络总出口，出口边界连接正常，访问某公司各业务系统页面正常。网络运维人员继续排查管理信息大区局域网，登录检查2台核心交换机、2台汇聚交换机、28台接入交换机和2台“云并网”防火墙，网络设备均登录正常，网络设备间互连接口均为UP状态，未发现网络链路中断，网络运行正常。主机运维人员针对故障系统服务器硬件、操作系统开展故障排查，均无异常。数据库运维人员发现数据库服务器异常，数据库服务器所挂载的共享磁盘组无法识别。

2022年11月16日18时10分，运维人员登录ERP、财务管控、内网门户系统数据库服务器查看数据库状态，发现数据库集群状态异常。

以内网门户系统集群状态为例，其余受影响系统异常状态一致，数据库集群服务异常，内网门户系统数据库集群状态如图4-1所示。

```
[root@    -mhsql ~]# su - grid
[grid@ _ -mhsql ~]$ crs_stat -t
CRS-0184: Cannot communicate with the CRS daemon.
```

图 4-1　内网门户系统数据库集群状态

2022年11月16日18时12分，查看ERP、财务管控、内网门户系统数据库告警日志，发现数据库共享磁盘组不能写入数据，磁盘组丢失。

2022年11月16日18时18分，查看ERP、财务管控、内网门户系统数据库服务器磁盘组信息，发现所有受影响系统数据库数据盘无法识别。

以ERP系统磁盘信息为例，磁盘信息如图4-2所示。

```
[root@     db001 ~]# multipath -ll
mpathq (3638a95f000000005457da44000000000) dm-1 SCST_FIO,LUNO
size=64K features='0' hwhandler='0' wp=rw
`-+- policy='round-robin 0' prio=1 status=active
  `- 16:0:0:0 sdf 8:80 active ready running
mpathu (3600507670881883de000000000000004) dm-0 INSPUR,MCS
size=1.0T features='0' hwhandler='0' wp=rw
|-+- policy='round-robin 0' prio=1 status=active
| `- 14:0:0:0 sdb 8:16 active ready running
|-+- policy='round-robin 0' prio=1 status=enabled
| `- 15:0:1:0 sde 8:64 active ready running
|-+- policy='round-robin 0' prio=1 status=enabled
| `- 14:0:1:0 sdc 8:32 active ready running
`-+- policy='round-robin 0' prio=1 status=enabled
  `- 15:0:0:0 sdd 8:48 active ready running
[root@ _ 'db001 ~]#
```

图 4-2　ERP 系统磁盘信息

2022年11月16日18时20分，数据库运维人员通知存储运维人员所有受影响数据库数据磁盘组无法识别。

2022年11月16日18时30分，存储运维人员查看受影响存储IP并登录数据库所关联的存储设备查看磁盘组、主机、映射视图的状态，发现主机所关联SAN交换机所有端口异常，有反复up/down的现象。

2022年11月16日18时40分，分别登录SAN交换机查看状态，发现SAN交换机端口编号上的映射报告“持续链路重置（LR）”持续告警；某公司两台SAN交换机部署模式为堆叠模式，任意一台SAN交换机上可同时管理、配置两台SAN交换机。服务器及存储等终端设备分别连接至两台SAN交换机，若单台SAN交换机硬件出现故障，SAN交换机两端的数据连接将不受影响，若SAN交换机软件出现异常，由于堆叠后两台SAN交换机的高度耦合性，两台SAN交换机将同步受到影响。

通过命令portshow查询端口状态，由于端口发生多次up/down的现象，端口报告的链路故障计数器中统计的 Lli、Proc_Rqrd、LR_in、LR_out、OLS_In、OLS_out 参数计数明显增加，如图4–3所示。

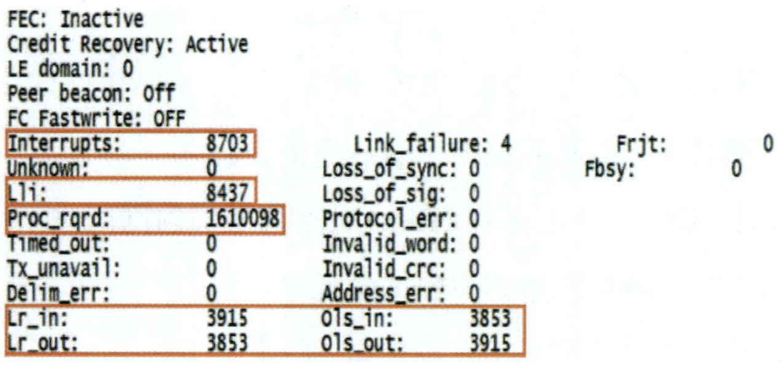

图 4–3　portshow 查询链路计数器数据

2022年11月16日18时45分，初步判断是SAN交换机的接口链路异常，导致存储链路连接中断，机房现场运维人员立即执行SAN交换机重启操作，进行恢复。

2022年11月16日19时00分，SAN交换机重启成功，存储运维人员登录查看SAN交换机状态，发现端口链路告警已消除，查看端口状态发现链路异常计数器已归0。重启后SAN交换机portshow查询链路计数器数据如图4–4所示。

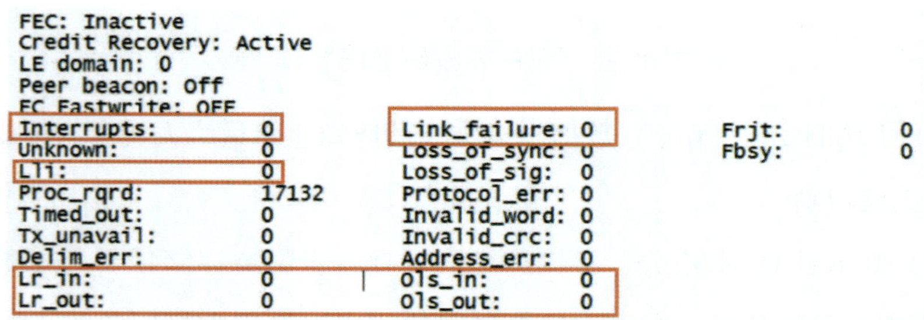

图 4–4　重启后 SAN 交换机 portshow 查询链路计数器数据

2022年11月16日19时15分，验证SAN交换机可用性，并登录SAN交换机所关联的存储设备，查看启动器状态为在线，所关联的服务器端口恢复正常，如图4–5所示。

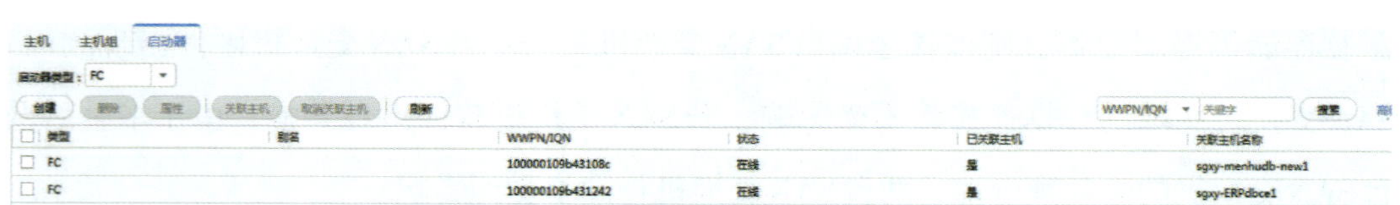

图 4–5　存储关联业务主机组恢复正常

2022年11月16日19时20分，存储运维人员告知数据库运维人员，查看受影响系统数据库服务器磁盘信息并启动数据库服务。

2022年11月16日19时25分，数据库运维人员开展ERP、财务管控、内网门户系统数据库启动工作。

2022年11月16日20时10分，所有受影响系统恢复正常。

原因分析

经过存储运维技术专家以及原厂工程师的技术分析，初步判定引起问题的原因是SAN交换机运行过程中，端口上出现了“发生持续链路重置”现象，继而引发端口启停。堆叠配置下的SAN交换机一台出现端口异常启停，另一台的端口也会同步出现异常启停的现象。由于受影响业务系统与存储之间为强耦合关系，当端口down的状态时，数据库系统无法识别数据盘，端口状态恢复后，数据库服务无法自动拉起，需手动完成数据库集群服务启动，数据库集群服务启动后，受影响系统业务服务自动恢复。

将此次SAN交换机故障信息与博科交换机知识库中信息进行比对，报错信息匹配，如图4-6所示。

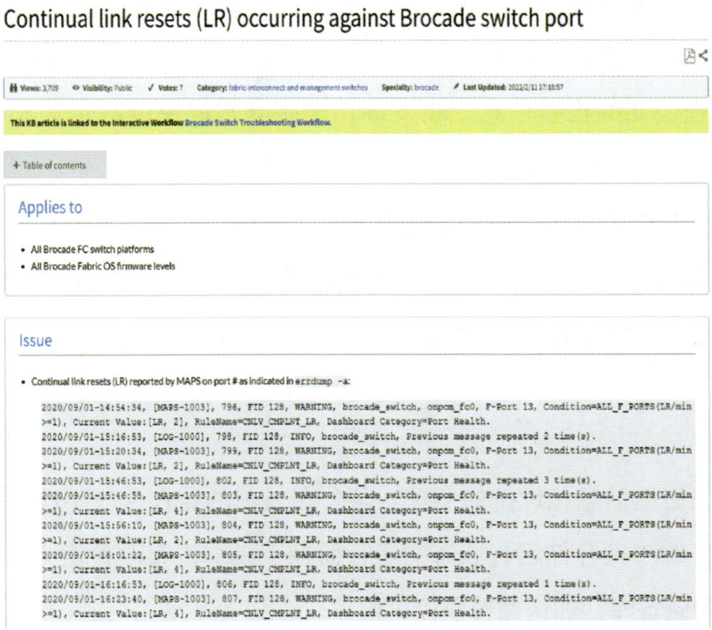

Continual link resets (LR) occurring against Brocade switch port

Views: 3,709 Visibility: Public Votes: 7 Category: fabric-interconnect-and-management-switches Specialty: brocade Last Updated: 2022/2/11 17:18:57

This KB article is linked to the Interactive Workflow Brocade Switch Troubleshooting Workflow.

+ Table of contents

Applies to

- All Brocade FC switch platforms
- All Brocade Fabric OS firmware levels

Issue

- Continual link resets (LR) reported by MAPS on port # as indicated in `errdump -a`:

```
2020/09/01-14:54:34, [MAPS-1003], 796, FID 128, WARNING, brocade_switch, onpom_fc0, F-Port 13, Condition=ALL_F_PORTS(LR/min
>=1), Current Value:[LR, 2], RuleName=CNLV_CMPLNT_LR, Dashboard Category=Port Health.
2020/09/01-15:16:53, [LOG-1000], 798, FID 128, INFO, brocade_switch, Previous message repeated 2 time(s).
2020/09/01-15:20:34, [MAPS-1003], 799, FID 128, WARNING, brocade_switch, onpom_fc0, F-Port 13, Condition=ALL_F_PORTS(LR/min
>=1), Current Value:[LR, 2], RuleName=CNLV_CMPLNT_LR, Dashboard Category=Port Health.
2020/09/01-15:46:53, [LOG-1000], 802, FID 128, INFO, brocade_switch, Previous message repeated 3 time(s).
2020/09/01-15:46:58, [MAPS-1003], 803, FID 128, WARNING, brocade_switch, onpom_fc0, F-Port 13, Condition=ALL_F_PORTS(LR/min
>=1), Current Value:[LR, 4], RuleName=CNLV_CMPLNT_LR, Dashboard Category=Port Health.
2020/09/01-15:56:10, [MAPS-1003], 804, FID 128, WARNING, brocade_switch, onpom_fc0, F-Port 13, Condition=ALL_F_PORTS(LR/min
>=1), Current Value:[LR, 2], RuleName=CNLV_CMPLNT_LR, Dashboard Category=Port Health.
2020/09/01-16:01:22, [MAPS-1003], 805, FID 128, WARNING, brocade_switch, onpom_fc0, F-Port 13, Condition=ALL_F_PORTS(LR/min
>=1), Current Value:[LR, 4], RuleName=CNLV_CMPLNT_LR, Dashboard Category=Port Health.
2020/09/01-16:16:53, [LOG-1000], 806, FID 128, INFO, brocade_switch, Previous message repeated 1 time(s).
2020/09/01-16:23:40, [MAPS-1003], 807, FID 128, WARNING, brocade_switch, onpom_fc0, F-Port 13, Condition=ALL_F_PORTS(LR/min
>=1), Current Value:[LR, 4], RuleName=CNLV_CMPLNT_LR, Dashboard Category=Port Health.
```

（a）博科交换机知识库1

图4-6 博科知识库中该故障的说明（一）

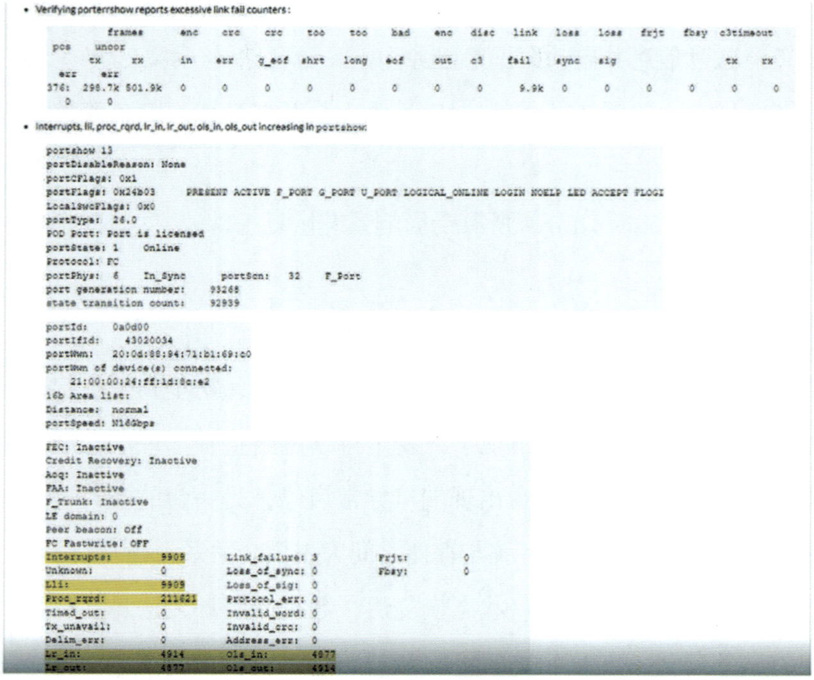

- Verifying porterrshow reports excessive link fail counters：

```
        frames      enc    crc    crc    too    too    bad    enc   disc   link   loss   loss   frjt   fbsy  c3timeout
 pcs    uncor
      tx      rx     in    err   g_eof  shrt   long   eof    out    c3    fail   sync   sig                  tx     rx
  err    err
376:  298.7k 501.9k  0      0      0      0      0      0      0      0     9.9k   0      0      0      0      0      0
   0      0
```

- Interrupts, lli, proc_rqrd, lr_in, lr_out, ols_in, ols_out increasing in portshow:

```
portshow 13
portDisableReason: None
portCFlags: 0x1
portFlags: 0x24b03      PRESENT ACTIVE F_PORT G_PORT U_PORT LOGICAL_ONLINE LOGIN NOELP LED ACCEPT FLOGI
LocalSwcFlags: 0x0
portType:  26.0
POD Port: Port is licensed
portState: 1    Online
Protocol: FC
portPhys:  6    In_Sync       portScn:   32    F_Port
port generation number:    93268
state transition count:    92939

portId:    0a0d00
portIfId:    43020034
portWwn:   20:0d:88:94:71:b1:69:c0
portWwn of device(s) connected:
    21:00:00:24:ff:1d:8c:e2
16b Area list:
Distance:  normal
portSpeed: N16Gbps

FEC: Inactive
Credit Recovery: Inactive
Aoq: Inactive
FAA: Inactive
F_Trunk: Inactive
LE domain: 0
Peer beacon: off
FC Fastwrite: OFF
Interrupts:        9909     Link_failure: 3       Frjt:         0
Unknown:           0        Loss_of_sync: 0       Fbsy:         0
Lli:               9909     Loss_of_sig:  0
Proc_rqrd:         211621   Protocol_err: 0
Timed_out:         0        Invalid_word: 0
Tx_unavail:        0        Invalid_crc:  0
Delim_err:         0        Address_err:  0
Lr_in:             4914     Ols_in:        4877
Lr_out:            4877     Ols_out:       4914
```

（b）博科交换机知识库2

图4-6　博科知识库中该故障的说明（二）

从实时获取的端口计数器数据看，在SAN交换机运行过程中端口产生了大量的错误计数，属于较明显的端口链路异常问题。从设备日志分析未发现明显的导致端口通信异常及进程假死的报错信息，引发端口链路异常的原因判定为SAN交换机软件故障。

某公司SAN交换机投运，设备老化严重，设备中微码版本相对较高（升级微码版本），相互匹配度较差。某公司将针对此次设备问题，尽快组织力量对设备的固件版本及微码版本适配度进行评估，同时加快推进SAN交换机的更新换代工作。

整改措施

（1）加强关键性信息化设备的监控。某公司目前的监控手段不能有效覆盖SAN及存储设备，已将SAN及存储运行状态的运行监控工具纳入整改替换方案，并成功上报数字化设备采购储备库，加快完善监控手段。

（2）提升应急处置能力。将此次事故编制为现场处置卡，提升应急处置能力。

（3）优化存储系统架构。某公司结合迁移上云工作与超融合平台的投运，优化现有传统存储架构，加快分布式存储部署实施，提升存储冗余能力。加快推进现有SAN交换机微码及固件版本进行升级工作，同时，落实存储及SAN交换机备用设备采购，提升应急处置能力。

（4）细化设备健康性评价工作。针对某公司集中部署系统投运超5年及以上的信息化设备，强化运维管理，开展设备健康性评价的同时，及时对中高危设备进行更换。

案例 2

SAN 交换机链路故障导致资源池虚拟机存储连接异常

故障现象

2021年4月2日14时40分，资源池中多个业务虚拟机出现存储连接异常告警，致使企业门户等11个业务系统异常。

故障处理

2021年4月2日14时40分，存储运维人员接到通知后，立刻检查存储设备及SAN网络，发现存储设备自身运行正常，但SAN交换机中出现告警，提示1号机房至2号机房两条级联链路中的一条链路端口存在“Severe latency bottleneck（延迟瓶颈）”告警，此问题导致两个机房间存储传输异常，虚拟机无法识别存储。

2021年4月2日16时20分，存储运维人员将SAN交换机中告警的链路端口手动关闭，业务立即恢复正常。

原因分析

1号机房至2号机房SAN交换机级联使用2条链路进行数据流量的负载分担，在其中一条链路不稳定但未中断时［即上述severe latency bottleneck（延迟瓶颈）告警链路］，交换机无法对其进行关闭处理，导致数据传输持续向此链路发送数据，造成主机设备与存储的连接异常，后将此异常链路手动关闭，业务即刻恢复正常。

整改措施

（1）尽快更换SAN交换级联光纤及模块，恢复原有运行方式。

（2）优化业务应用系统部署架构，重要系统不跨机房使用存储系统。

案例 3

主机 HBA 卡与存储链路连接不稳定导致数据库阻塞

故障现象

2021年8月20日04时30分，营销系统运维人员收到告警短信，营销生产库2节点活动会话中存在大量的Disk file operations I/O和log file sync等待事件，且阻塞会话锁还在不断增长。

故障处理

2021年8月20日04时30分，营销系统运维人员收到告警，营销生产库2节点活动会话中存在大量的Disk file operations I/O和log file sync等待事件，且阻塞会话锁还在不断增长。

2021年8月20日04时45分，运维人员通过远程终端对营销生产2节点并发量高的会话进行强制关闭。

2021年8月20日04时50分，阻塞会话未缓解，运维人员采取应急处置措施，对并发高的银电缴费应用第1个节点进行关停，并对营销生产2台并发量高的会话进行强制关闭。

2021年8月20日04时55分，阻塞会话未缓解，运维人员对银电缴费应用第2节点进行关停，并对营销生产2台并发量高的会话进行强制关闭。

2021年8月20日05时00分，阻塞会话未缓解，运维人员对银电缴费应用第3节点进行关停，并对营销生产2台并发量高的会话进行强制关闭。

2021年8月20日05时05分，数据库阻塞情况缓解，但阻塞现象仍未彻底消除，运维人员初步分析，可能存储IO出现性能问题。

2021年8月20日05时15分，数据库运维人员登录生产库2节点，执行errpt查看操作系统错误日志时发现自8月20日4时12分开始，主机频繁出现“DISK OPERATION ERROR”“PATH HAS FAILED”和“PATH HAS RECOVERED”错误日志，如图4–7所示。

```
67150733   0820041721 I O hdisk14        PATH HAS RECOVERED
67150733   0820041721 I O hdisk13        PATH HAS RECOVERED
67150733   0820041721 I O hdisk17        PATH HAS RECOVERED
67150733   0820041721 I O hdisk13        PATH HAS RECOVERED
67150733   0820041721 I O hdisk42        PATH HAS RECOVERED
DCB47997   0820041721 T H hdisk13        DISK OPERATION ERROR
67150733   0820041721 I O hdisk72        PATH HAS RECOVERED
67150733   0820041721 I O hdisk72        PATH HAS RECOVERED
DCB47997   0820041721 T H hdisk72        DISK OPERATION ERROR
DCB47997   0820041721 T H hdisk72        DISK OPERATION ERROR
C62E1EB7   0820041721 P H hdisk6         DISK OPERATION ERROR
C62E1EB7   0820041721 P H hdisk41        DISK OPERATION ERROR
DE3B8540   0820041721 P H hdisk16        PATH HAS FAILED
C62E1EB7   0820041721 P H hdisk13        DISK OPERATION ERROR
DE3B8540   0820041721 P H hdisk86        PATH HAS FAILED
C62E1EB7   0820041721 P H hdisk59        DISK OPERATION ERROR
DE3B8540   0820041721 P H hdisk26        PATH HAS FAILED
67150733   0820041721 I O hdisk54        PATH HAS RECOVERED
67150733   0820041721 I O hdisk53        PATH HAS RECOVERED
67150733   0820041721 I O hdisk53        PATH HAS RECOVERED
67150733   0820041721 I O hdisk43        PATH HAS RECOVERED
67150733   0820041721 I O hdisk74        PATH HAS RECOVERED
67150733   0820041721 I O hdisk74        PATH HAS RECOVERED
DE3B8540   0820041721 P H hdisk74        PATH HAS FAILED
DE3B8540   0820041621 P H hdisk60        PATH HAS FAILED
DE3B8540   0820041621 P H hdisk84        PATH HAS FAILED
DE3B8540   0820041621 P H hdisk82        PATH HAS FAILED
67150733   0820041621 I O hdisk55        PATH HAS RECOVERED
67150733   0820041621 I O hdisk90        PATH HAS RECOVERED
DCB47997   0820041621 T H hdisk53        DISK OPERATION ERROR
C62E1EB7   0820041621 P H hdisk77        DISK OPERATION ERROR
67150733   0820041621 I O hdisk85        PATH HAS RECOVERED
DCB47997   0820041621 T H hdisk32        DISK OPERATION ERROR
DCB47997   0820041621 T H hdisk12        DISK OPERATION ERROR
67150733   0820041621 I O hdisk57        PATH HAS RECOVERED
67150733   0820041621 I O hdisk12        PATH HAS RECOVERED
67150733   0820041621 I O hdisk37        PATH HAS RECOVERED
```

图 4-7　操作系统错误日志

查看HBA（Host Bus Adapter，主机总线适配器HBA）卡状态，fscsi16 HBA卡处于DEGRAD不正常状态，如图4-8所示。

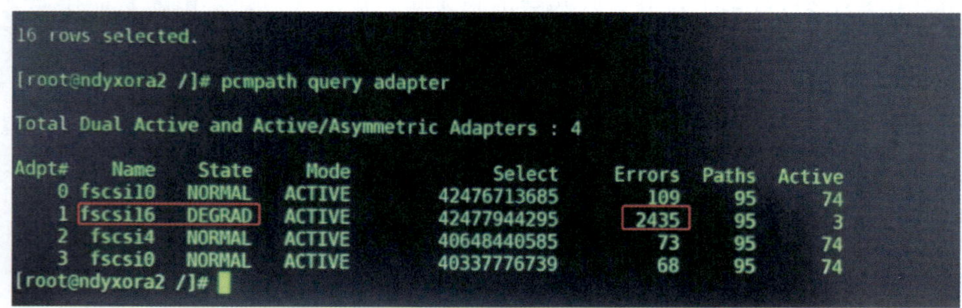

```
16 rows selected.

[root@ndyxora2 /]# pcmpath query adapter

Total Dual Active and Active/Asymmetric Adapters : 4

Adpt#    Name    State     Mode          Select    Errors  Paths  Active
    0  fscsi10  NORMAL    ACTIVE   42476713685       109     95      74
    1  fscsi16  DEGRAD    ACTIVE   42477944295      2435     95       3
    2   fscsi4  NORMAL    ACTIVE   40648440585        73     95      74
    3   fscsi0  NORMAL    ACTIVE   40337776739        68     95      74
[root@ndyxora2 /]#
```

图 4-8　HBA 卡状态

2021年8月20日05时29分，营销业务人员电话通知存储运维人员协助检查存储硬件及IO负载是否正常。

2021年8月20日06时40分，存储运维人员到现场检查SAN交换机及营销业务应用使用存储情况，无硬件告警。在存储管理界面，发现对应的主机HBA至存储链路显示未登录，营销设备故障链路使用的端口执行sfpshow后衰耗检查正常，crc校验等信息无增加。

检查主机HMC和ASM，未发现近期有硬件告警及报错信息。

主机管理界面报错信息。

2021年8月20日06时47分，在确认主机其他3个链路运行正常，执行sfpdisable 2/0，将主机与SAN交换机连接的异常端口（对应HBA卡fscsi16）关闭，检查适配器状态如图4-9所示。

```
[root@ndyxora2 /]#
[root@ndyxora2 /]#
[root@ndyxora2 /]#
[root@ndyxora2 /]#  pcmpath query adapter

Total Dual Active and Active/Asymmetric Adapters : 4

Adpt#    Name    State    Mode          Select     Errors  Paths  Active
    0  fscsi10   NORMAL   ACTIVE   42486677163      109     95      73
    1  fscsi16   FAILED   ACTIVE   42477944311     2443     95       0
    2  fscsi4    NORMAL   ACTIVE   40658087816       73     95      73
    3  fscsi0    NORMAL   ACTIVE   40347379337       68     95      73
[root@ndyxora2 /]#
[root@ndyxora2 /]# date
Fri Aug 20 07:30:01 CST 2021
[root@ndyxora2 /]#
[root@ndyxora2 /]#
```

图4-9　检查适配器状态

2021年8月20日07时06分，系统运维人员准备启动业务，并对数据库运行情况进行监控。

2021年8月20日07时08分，营销缴费业务恢复正常，银电缴费业务恢复正常，异常消除。

原因分析

营销生产数据库主机、HBA卡、SAN交换机和存储控制器均为冗余配置。每台数据库主机与存储之间有4条光纤链路。理论上，在以上任何一台设备或链路发生故障时，仅会对系统正常运行造成瞬时的影响，不会造成业务中断。

由于营销2号主机的HBA卡（fscsi16）和光纤线故障不彻底，即处于故障与非故障之间的临界状态。当链路状态未完全中断时，系统认为此链路正常，业务数据正常向此链路分发数据，却不能满足业务IO需求，造成数据库等待事件暴增，进而影响整体性能。存储异常链路示意图如图4-10所示。

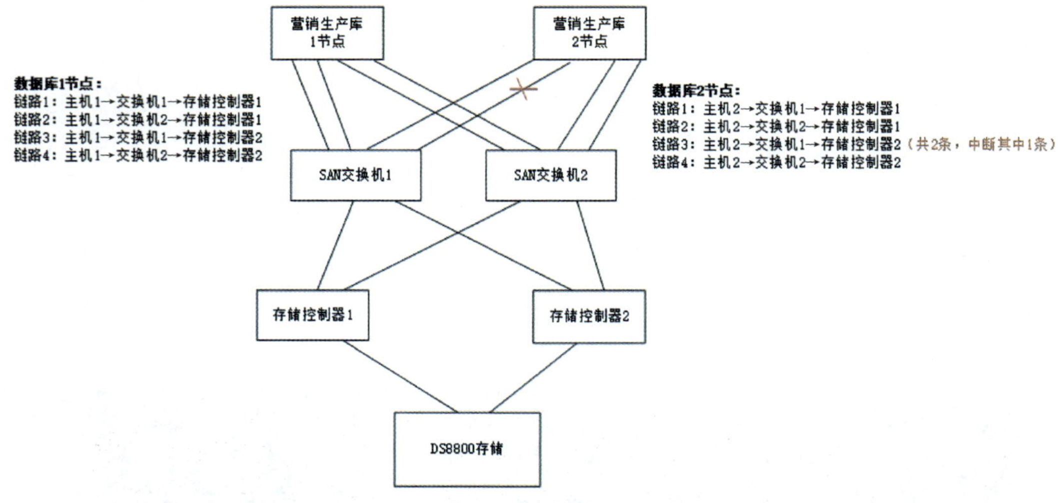

图4-10　存储链路异常示意图

整改措施

（1）为提高系统稳定性。计划于8月28日00时00分至06时00分检修期间，对发生故障的营销生产库2节点主机HBA卡（fscsi16）和对应的存储光纤线进行更换，并对相关链路故障进行测试验证。

（2）应加强营销核心业务的巡视巡检。根据问题的严重程度，通过紧急消缺、计划检修等方式及时处置，保障业务安全运行。

（3）开展营销X86迁移实施工作。将现有营销应用生产库迁移合并至抄核微应用X86分布式数据库。

案例 4

更换存储设备 IO 模块导致设备宕机

故障现象

2022年1月29日21时53分，某公司公用1号磁盘阵列在进行消缺更换备件时突发运行故障，导致通信管理系统等10个系统健康时长、在线用户数中断，系统业务中断。

故障处理

2022年1月29日17时05分，存储运维人员按照保障时期设备管理要求对重要老旧设备进行现场巡检，现场巡检过程中反映了该设备近期Encloser 23和Encloser 25两个扩展柜告警问题，对设备状态进行了现场讨论和分析。

2022年1月29日19时06分，维保人员到现场处置该告警，对设备尽快进行消缺。维保人员及原厂工程师到达现场开展设备告警检查分析工作，通过设备管理台、日志、现场拍摄照片等信息判断Encloser 23和Encloser 25扩展柜IO模块有异常。

2022年1月29日20时52分，运维人员和维保人员确认待更换的IO模块和设备级联线。

2022年1月29日21时50分，进入机房开始设备状态检查核对工作，配件更换。

2022年1月29日21时52分，完成第一个IO模块更换工作。

2022年1月29日21时53分，6个系统出现中断，检查设备状态，多个磁盘无闪烁或同时闪烁。

2022年1月29日21时59分，涉及该存储的18个系统出现监控中断，同时该设备已恢复至正常运行状态，Encloser 23扩展柜告警消除。

2022年1月29日22时00分，资源池及业务、数据库等运维人员进行紧急抢修。

2022年1月29日22时52分，线损系统、业务流程管理等18个系统恢复正常。

2022年1月30日18时06分，完成应急备用存储设备调试。

2022年1月30日19时00分，经专家建议，运维人员讨论，公司决定开展旧存储设备承载业务系统向新的应急存储迁移。

2022年1月30日20时00分，开展旧存储设备承载业务系统向新存储迁移。

2022年1月31日13时51分，旧存储设备Encloser 26扩展柜出现同样告警，并未影响业务运行。

2022年2月14日9时00分，存储承载全部业务系统完成迁移，迁移过程中数据无丢失，业务无中断。

原因分析

引发本次故障的原因为更换过程中磁盘故障，同时设备上业务备份同时开展，存储设备认为卷不完整，同时所有业务切换至B控，B控压力过大，需要重启两个控制器同步数据。

正常情况下，当其中一个IO模块发生故障时，控制器会将业务切换至冗余的IO模块，业务访问不受影响；但本次故障是在消缺过程中，出现硬盘故障，存储设备认为卷不完整，需要重启两个控制器同步数据，导致业务系统无法连接至存储设备，部分系统无法正常访问。

整改措施

（1）搭建磁盘阵列迁移环境。已在同一机房上架一台存储设备，为资源池等系统数据迁移做好准备。

（2）完善老旧存储设备专项分析报告。编制老旧设备的更换需求和项目提报计划。

（3）推进业务上云。通过云化改造，优化业务架构，提升业务健壮性。

（4）持续开展健康度分析评价工作。涵盖所有软硬件资源，定期发布通报，督促业务资源回收，降低资源占用率，提升业务连续性及满足N–1安全裕度要求。

案例 5

跨机房存储链路问题导致 ERP 系统访问异常

故障现象

2020年11月17日09时00分，系统运维人员发现ERP系统运行缓慢，检查发现ERP主机磁盘IO效率较低，busy程度为100%，且11月16日发起的数据备份任务未完成，备份速率低于5MB/s，而正常时段超过100MB/s。

故障处理

2020年11月16日15时41分04秒至15时46分26秒，ERP系统服务器网络出现中断，导致ERP生产系统数据库(DB)及主应用(CI)的HA集群发生互相接管，但因网络全部中断而导致接管失败，从而触发集群为保证数据一致性，重启服务器释放占用资源的现象。

在网络恢复以及服务器重启完成后，系统运维人员开始启动集群，启动后系统运行正常，因不在业务高峰期，未发现异常现象。

2020年11月17日09时开始，ERP系统业务量较大，发现系统运行缓慢，通过排查，发现应用系统日志无任何报错，数据库日志也未发现任何报错，但发现数据库服务器操作系统日志每隔几分钟会报错。

根据日志告警提示，因VG 64 0x040000对应的数据库数据文件的VG，所以初步怀疑服务器异常重启后，连接存储出现问题。但通过vgdispay、lvdisplay、pvdisplay等命令排查信息，所有状态均正常，存储运维人员排查存储状态正常，SAN交换机状态正常。

同时查看相关SAN交换机级联端口的光纤衰耗情况，如图4-11所示。

因前端业务系统运行异常缓慢，无法正常执行，所以经汇报后，决定在12时重启数据库服务器，确定是否是因为服务器上次异常重启后未正常识别存储或同步数据。

重启后，在14时30分业务高峰期时，系统还是运行缓慢，同时数据库服务器操作系统日志继续告警，如图4–12所示。

（a）ERP系统SAN交换机–1级联端口衰耗

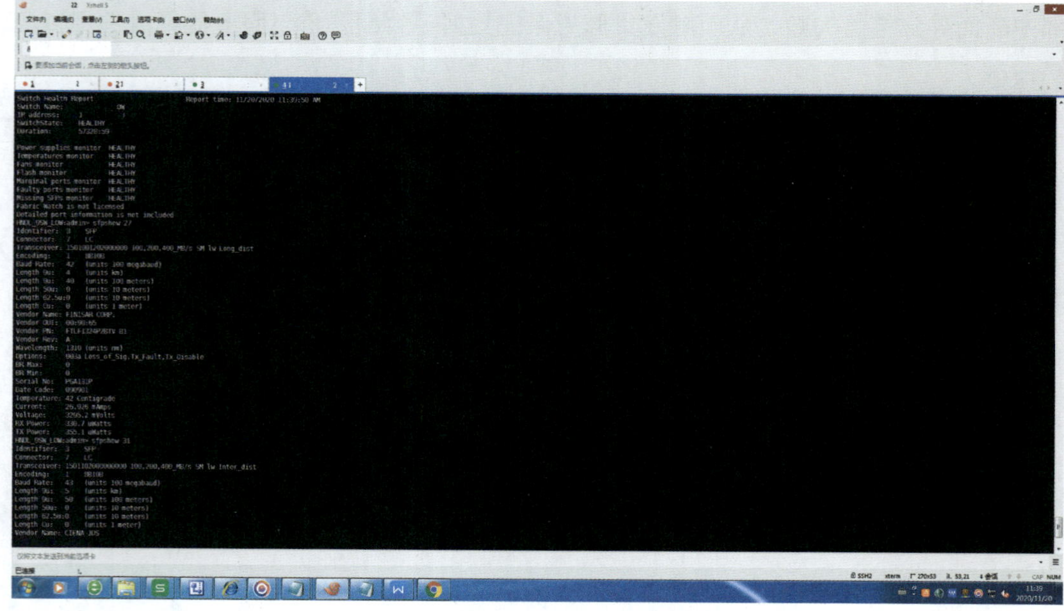

（b）ERP系统SAN交换机–2级联端口衰耗

图4–11　ERP系统SAN交换机级联端口衰耗

```
Nov 17 14:53:47 ephndb01 Oracle GoldenGate Capture for Oracle[10156]: 2020-11-17 14:53:47  INFO    OGG-01026  Oracle GoldenGate
dat/er/eb176556.
Nov 17 14:53:50 ephndb01 vmunix: LVM: WARNING: VG 64 0x040000: LV 14: Some I/O requests to this LV are waiting
Nov 17 14:53:50 ephndb01 vmunix:        indefinitely for an unavailable PV. These requests will be queued until
Nov 17 14:53:50 ephndb01 vmunix:        the PV becomes available (or a timeout is specified for the LV).
Nov 17 14:53:50 ephndb01 vmunix: LVM: NOTICE: VG 64 0x040000: LV 14: All I/O requests to this LV that were
Nov 17 14:53:50 ephndb01 vmunix:        waiting indefinitely for an unavailable PV have now completed.
Nov 17 14:54:09 ephndb01 lvmpud[4382]: Read task ticket=9 type=1
Nov 17 14:54:09 ephndb01 lvmpud[4382]: Process task ticket=9 type=1
Nov 17 14:54:09 ephndb01 lvmpud[4382]: Complete task ticket=9 type=1 status=0
Nov 17 14:54:31 ephndb01 vmunix: LVM: WARNING: VG 64 0x040000: LV 14: Some I/O requests to this LV are waiting
Nov 17 14:54:31 ephndb01 vmunix:        indefinitely for an unavailable PV. These requests will be queued until
Nov 17 14:54:31 ephndb01 vmunix:        the PV becomes available (or a timeout is specified for the LV).
Nov 17 14:54:31 ephndb01 vmunix: LVM: WARNING: VG 64 0x040000: LV 13: Some I/O requests to this LV are waiting
Nov 17 14:54:31 ephndb01 vmunix: LVM: NOTICE: VG 64 0x040000: LV 13: All I/O requests to this LV that were
Nov 17 14:54:31 ephndb01 vmunix:        waiting indefinitely for an unavailable PV have now completed.
Nov 17 14:54:31 ephndb01 vmunix:        indefinitely for an unavailable PV. These requests will be queued until
Nov 17 14:54:31 ephndb01 vmunix: LVM: NOTICE: VG 64 0x040000: LV 14: All I/O requests to this LV that were
Nov 17 14:54:31 ephndb01 vmunix:        the PV becomes available (or a timeout is specified for the LV).
Nov 17 14:54:57 ephndb01 Oracle GoldenGate Manager for Oracle[10151]: 2020-11-17 14:54:57  INFO    OGG-00957  Oracle GoldenGate
353021, applying UseCheckPoints purge rule: Oldest Chkpt Seqno 353265 > 353021.
Nov 17 14:54:57 ephndb01 Oracle GoldenGate Manager for Oracle[10151]: 2020-11-17 14:54:57  INFO    OGG-00957  Oracle GoldenGate
353022, applying UseCheckPoints purge rule: Oldest Chkpt Seqno 353265 > 353022.
Nov 17 14:54:57 ephndb01 Oracle GoldenGate Manager for Oracle[10151]: 2020-11-17 14:54:57  INFO    OGG-00957  Oracle GoldenGate
353023, applying UseCheckPoints purge rule: Oldest Chkpt Seqno 353265 > 353023.
Nov 17 14:54:31 ephndb01 vmunix:        waiting indefinitely for an unavailable PV have now completed.
Nov 17 14:54:57 ephndb01 Oracle GoldenGate Manager for Oracle[10151]: 2020-11-17 14:54:57  INFO    OGG-00957  Oracle GoldenGate
353024, applying UseCheckPoints purge rule: Oldest Chkpt Seqno 353265 > 353024.
Nov 17 14:56:59 ephndb01 sshd[25541]: SSH: Server;Ltype: Version;Remote: [illegible]4-38674;Protocol: 2.0;Client: JSCH-0.1.53
Nov 17 14:56:59 ephndb01 sshd[25541]: SSH: Server;Ltype: Kex;Remote: 1[illegible]-38674;Enc: aes128-ctr;MAC: hmac-sha1;Comp: n
Nov 17 14:56:59 ephndb01 sshd[25541]: SSH: Server;Ltype: Authname;Remote: [illegible]4-38674;Name: orap01 [preauth]
Nov 17 14:56:59 ephndb01 sshd[25541]: Accepted keyboard-interactive/pam for orap01 from 1[illegible] port 38674 ssh2
Nov 17 14:57:00 ephndb01 sshd[25543]: SSH: Server;Ltype: Kex;Remote: [illegible]04-38674;Enc: aes128-ctr;MAC: hmac-sha1;Comp: n
Nov 17 14:57:03 ephndb01 Oracle GoldenGate Command Interpreter for Oracle[25652]: 2020-11-17 14:57:03  INFO    OGG-00987  Oracl
```

图 4-12　ERP 系统主机日志

ERP数据库使用的存储包含A机房的HDS存储、B机房的HDS存储以及B机房的HP存储，其中数据库的数据文件、归档文件、在线日志文件均在A机房的HDS存储上，通过对文件读写测试，最终确认通过A机房HDS存储读取文件速度特别慢，1GB文件正常情况下10s以内读取完成，而在A机房HDS存储上读取需要5min以上，同时经过查看16日及17日数据库备份的信息，平时速度110MB/s左右的备份，在16日晚上开始变成了4MB/s左右。ERP系统数据备份传输速度对比图如图4-13所示。

SESSION_KEY	OPT	INPUT_TYPE	STATUS	COMPRESSION_RATIO	IN_SEC	OUT_SEC	IN_SIZE	OUT_SIZE	TIME_TAKEN	START_TIME	END_TIME	HOURS
32904	NO	DB INCR	COMPLETED	1.0837474	116.98M	107.94M	283.66G	261.74G	00:41:23	2020-10-31 20:00	2020-10-31 20:41	.690
32912	NO	DB INCR	COMPLETED	1.09192183	126.30M	115.66M	301.93G	276.51G	00:40:48	2020-11-01 20:00	2020-11-01 20:41	.680
32920	NO	DB INCR	COMPLETED	1.12483076	114.54M	101.83M	339.14G	301.51G	00:50:32	2020-11-02 20:00	2020-11-02 20:50	.842
32928	NO	DB INCR	COMPLETED	1.1700771	132.39M	113.15M	368.33G	314.80G	00:47:29	2020-11-03 20:00	2020-11-03 20:47	.791
32936	NO	DB INCR	COMPLETED	1.19982958	124.19M	103.51M	408.83G	340.74G	00:56:11	2020-11-04 20:00	2020-11-04 20:56	.936
32944	NO	DB INCR	COMPLETED	1.2431218	123.48M	99.33M	415.07G	333.89G	00:57:22	2020-11-05 20:00	2020-11-05 20:57	.956
32952	NO	DB INCR	COMPLETED	1.05845779	177.00M	167.23M	2.91T	2.75T	04:46:54	2020-11-06 20:00	2020-11-07 00:47	4.782
32960	NO	DB INCR	COMPLETED	1.04814118	121.09M	115.53M	242.78G	231.63G	00:34:13	2020-11-07 20:00	2020-11-07 20:34	.570
32968	NO	DB INCR	COMPLETED	1.05954789	119.91M	113.17M	276.36G	260.83G	00:39:20	2020-11-08 20:00	2020-11-08 20:39	.656
32984	NO	DB INCR	COMPLETED	1.12214541	119.29M	106.31M	382.69G	341.03G	00:54:45	2020-11-09 20:00	2020-11-09 20:55	.912
32994	NO	DB INCR	COMPLETED	1.15544054	133.36M	115.42M	425.10G	367.91G	00:54:24	2020-11-10 20:00	2020-11-10 20:54	.907

SESSION_KEY	OPT	INPUT_TYPE	STATUS	COMPRESSION_RATIO	IN_SEC	OUT_SEC	IN_SIZE	OUT_SIZE	TIME_TAKEN	START_TIME	END_TIME	HOURS
33002	NO	DB INCR	COMPLETED	1.19877251	132.01M	110.12M	401.96G	335.31G	00:51:58	2020-11-11 20:00	2020-11-11 20:52	.866
33010	NO	DB INCR	COMPLETED	1.22284006	115.28M	94.28M	417.91G	341.75G	01:01:52	2020-11-12 20:00	2020-11-12 21:02	1.031
33018	NO	DB INCR	COMPLETED	1.05344391	172.62M	163.86M	2.90T	2.75T	04:53:42	2020-11-13 20:00	2020-11-14 00:53	4.895
33026	NO	DB INCR	COMPLETED	1.05307186	121.50M	115.38M	259.49G	246.41G	00:36:27	2020-11-14 20:00	2020-11-14 20:36	.608
33034	NO	DB INCR	COMPLETED	1.06816985	128.01M	119.84M	271.89G	254.54G	00:36:15	2020-11-15 20:00	2020-11-15 20:36	.604
33042	NO	DB INCR	FAILED	1.58596911	4.07M	2.57M	124.43G	78.45G	08:41:10	2020-11-16 20:02	2020-11-17 04:43	8.686
33046	NO	DB INCR	RUNNING	1.23683874	5.23M	4.23M	55.89G	45.19G	03:02:23	2020-11-17 13:20	2020-11-17 16:22	3.040

图 4-13　ERP 系统数据备份传输速度对比图

经过测试，分析B机房SAN交换机到A机房HDS存储之间的链路可能存在问题。经汇报批准后更换链路并禁用原链路，在更换链路后，文件读写测试的速度恢复，临时发起的备份速度也恢复至80MB/s左右，ERP系统的响应速度也基本恢复正常。

原因分析

（1）架构不合理。由于B机房存储空间不足，系统使用存储并未同步迁移，因此导致跨机房使用存储空间，跨机房使用，中间环节较多，任何一个节点故障都会系统访问故障，虽然通过冗余（多芯光纤）结构避免了单点故障，但中间的光缆一般仍为一根，不能完全避免故障和波动。

（2）设备老化。本次故障的链路中设备，磁盘阵列、SAN交换机、光纤运行年限都超过10年，存在设备故障率高、运行不稳定的现象，虽然从每年都在申报技改更换，但一直未能批复执行。

（3）缺乏端到端分析工具。在故障发生后，只能依赖技术人员手工逐台对设备进行排查，无有效的工具可以进行端到端分析，尤其对复杂环节情况下，对故障的解决时效影响较大。

整改措施

（1）已重新分配B机房存储，通过磁盘镜像方式进行数据同步，在同步完成后，可完成对底层磁盘的数据迁移，将ERP系统使用存储全部迁移至B机房，避免跨机房带来的风险。

（2）提报存储资源管理工具及技术支持服务项目，搭建存储运维管理工具，实现对存储和SAN网络设备的自动化巡检、容量检查、告警压缩归并，实现对存储设备和SAN网络的全链条监控管理。

第五章

安全设备故障分析与处理

案例 1

防火墙策略漏配导致业务系统性能监测指标异常

故障现象

2020年9月21日19时41分，某单位发现营销基础数据平台系统性能监测监控状态异常。

故障处理

2020年9月21日19时41分，系统运维人员发现营销基础数据平台性能监测指标异常。

2020年9月21日19时45分，系统运维人员开始故障排查。

2020年9月21日19时50分，系统运维人员核实系统除性能监测外各项指标正常、系统运行正常、Weblogic控制台运行正常无报错、oracle数据库运行正常无报错。

2020年9月21日20时20分，系统运维人员核实故障期间安全人员对服务器进行过安全策略加固，加固内容涵盖将主机服务器防火墙开启。

2020年9月21日20时30分，系统运维人员核实防火墙策略中缺少“性能监测服务器的IP地址”，导致性能监测访问营销基础数据平台应用被拒绝。

2020年9月21日20时40分，系统运维人员将“性能监测服务器的IP地址”加入防火墙策略。

2020年9月21日21时03分，系统性能监测指标恢复正常。

2020年9月21日21时05分，系统运维人员完成系统各项指标、系统运行状态、中间件运行状态、数据库运行状态巡查，巡查结果均正常。

原因分析

对服务器的加固工作包括开启主机服务器防火墙，主机服务器防火墙开启过程中因操作人员没有将所有“性能监测系统的IP地址”添加入IP策略导致性能监测系统指标异常。经运维人员核实，将所有“性能监测的IP地址”加入防火墙后异常消除。

整改措施

系统在进行安全加固时加强联通性测试，加强营销基础数据平台系统服务器巡检和监控力度，加强熟悉掌握系统所在网络的拓扑结构图，以便出现异常能快速响应。

案例 2

主备链路防火墙配置同步存在问题导致业务中断

故障现象

2020年8月7日15时45分，某公司信息内网突然无法访问外部业务，楼层区域、服务器区域等内部网络互访正常，楼层区域、服务器区域访问外部业务异常。

故障处理

2020年8月7日15时48分，用户反馈终端访问邮件系统异常。

2020年8月7日15时55分，网络运维人员登录楼层汇聚交换机，查看设备路由信息，发现楼层区域至核心区域路由信息正常，下一跳出口正常。

2020年8月7日5时57分，网络运维人员登录核心交换机，查看路由信息，发现核心交换机路由正常，流量已自动切换到备用链路，下一跳出口正常。

2020年8月7日15时59分，通过因特网包探索器（PING）测试，楼层区域，服务器区域均可以正常访问信息CE1、信息CE2、PE1、PE互联地址正常。但跟踪路由（tracert）省外路由无法访问，如图5–1所示。

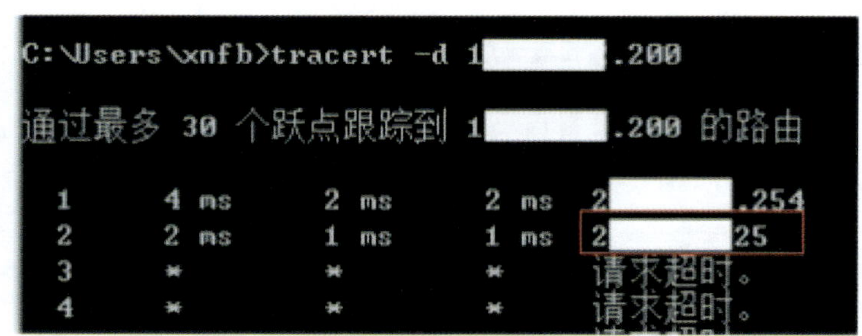

图 5–1　tracert 省外路由无法访问

2020年8月7日16时05分，通过分析tracert信息，发现路由到 *.*.*.* 后不通，怀疑出口防火墙出现问题，将流量手工切换至核心交换机1至信息CE1互联链路后，仍无法访问省外业务，初步定位出口防火墙主备设备出现异常。

2020年8月7日16时08分，安全设备运维人员登录出口防火墙后，发现防火墙接口状态及设备状态正常，怀疑防火墙未正常转发路由信息，尝试跳开防火墙进行测试或更换防火墙测试。

2020年8月7日16时10分，通过在信息CE和核心交换机之间部署应急链路，跳开防火墙后，经测试，可以正常访问外部网络。

2020年8月7日16时15分，安全设备运维人员上架备用应急备用出口防火墙，进行链路互联。

2020年8月7日16时33分，安全设备运维人员完成应急备用出口防火墙链路互联，经测试，链路访问恢复正常。

2020年8月7日16时35分，经业务运维人员验证，外部业务访问恢复正常。

原因分析

信息内网主链路防火墙异常重启，流量切换到备用链路，由于主链路防火墙配置同步存在问题，导致主备防火墙配置不一致。备用出口防火墙缺少到信息CE的路由，造成业务中断。

整改措施

用应急防火墙替换原主用出口防火墙，检查主备防火墙同步机制，测试主备防火墙切换，业务正常。

案例 3

主备链路防火墙版本不一致导致业务系统监控异常

故障现象

2022年2月10日17时35分，某公司监控发现外网网站上报告警。

故障处理

2022年2月10日17时35分，某公司监控发现外网网站上报告警。

2022年2月10日17时37分，外网网站、网络及安全设备运维人员协同开展排查处理。

2022年2月10日17时42分，接到外网网站运维人员反馈系统正常。

2022年2月10日17时52分，经网络及安全设备运维人员共同排查，初步将故障点定位至外网网站核心交换机与外网网站防火墙。

2022年2月10日18时00分，安全设备运维人员登录外网网站防火墙发现链路流量已由主链路切换至备链路，同时检查备链路防火墙运行状态是否正常。

2022年2月10日18时19分，初步判断流量切换至备链路时防火墙存在异常，导致外网网站I6000系统监控异常。

2022年2月10日18时22分，为尽快进行故障恢复，将备链路防火墙下联口进行物理断开，流量切回至主链路，外网网站监控恢复正常。

原因分析

外网门户网站监控数据内外网传输通过内外网边界隔离装置以及服务器防火墙，隔离装置主要用于内外网数据安全传输，防火墙进行外网监控数据内外网传输以及内网网站内容发布服务器数据流量访问控制，其中防火墙为旁路部署，通过路由转发模式进行控制，单独用于外网监控数据内外网传输以及内网网站内容发布数据访问控制。

经防火墙技术人员对系统运行日志及设备健康记录的分析，判断主链路防火墙设备接口（业务上联接口、业务下联接口、管理接口、HA接口）同时离线（shutdown），原因为设备老化（设备已运行6年），系统版本过低以及长时间连续运行，设备自动重新加载了配置，当重新加载配置时系统会重启，触发防火墙主备模式机制，导致流量切换备链路，外网网站监控中断。

当主链路防火墙接口断开后心跳线（HA）转发至备用链路防火墙，由于两台设备系统版本不一致导致主备链路切换失败，由于备用链路防火墙系统版本存在异常（业务上联接口有少量流量，业务下联接口无流量）导致流量切换至备链路时备用防火墙不可用，引起外网网站告警事故的发生。

整改措施

（1）将主备链路防火墙升级至相同版本，开展应急演练检验主备链路可正常切换，并将主链路防火墙系统版本反馈至研发人员。举一反三，排查公司运维责任范围内所有主备设备版本、配置是否一致，是否进行时钟同步，并完成问题整改。

（2）针对双机设备及时组织开展应急演练，验证双机设备是否可正常切换，保障设备及系统安全稳定运行。

案例 4

数据库连接数超过隔离装置阈值导致业务系统监控异常

故障现象

2020年3月14日10时15分，某公司外网网站监控指标出现异常。

故障处理

2020年3月14日10时15分，某公司外网网站监控指标出现异常。

2020年3月14日10时16分，系统运维人员对系统相关服务进行排查。

2020年3月14日10时25分，外网网站系统运维人员反馈系统访问正常。

2020年3月14日10时30分，系统运维人员发现外网网站指标无法通过隔离装置接口JDBC进行连接，怀疑隔离装置存在问题。

2020年3月14日10时32分，隔离装置运维人员对系统相关服务进行重点排查。

2020年3月14日10时45分，隔离装置运维人员登录隔离装置信息内外网边界安全监测系统，发现IP地址为 *.*.*.* 的设备状态存在异常，18600进程数据连接数达到1000，初步判断该隔离装置（内网侧地址*.*.*.*，外网侧地址*.*.*.*）存在问题。

2020年3月14日10时55分，隔离装置运维人员尝试登录IP地址为*.*.*.*的隔离装置，发现连接隔离装置失败。

2020年3月14日11时00分，隔离装置运维人员尝试连接该隔离装置*.*.*.*的IP地址及相关端口，发现并无异常。

2020年3月14日11时10分，隔离装置运维人员登录隔离装置配置软件，查询隔离装置（*.*.*.*）业务配置情况，发现业务所配置的最大连接数为500，而信息内外网边界安全监测系统监测界面显示该设备的18600进程数据库连接数达到1000，远远大于最大连接数，该台隔离装置（*.*.*.*）中在故障期间运行了3个业务，分别是监控指标接口、电力调度气象接口和配网可视化接口，初步判断该台设备的数据库连接数过大，导致该设备无法提供服务。

2020年3月14日11时20分，由于隔离装置已无法正常登录，将该信息网隔离装置所对应的外网接口地址（*.*.*.*）暂时从负载均衡设备组中移除。

2020年3月14日11时30分，隔离装置运维人员通知系统运维人员，重启系统与隔离装置之间的JDBC接口。

2020年3月14日11时38分，系统运维人员重启系统与隔离装置之间的JDBC接口动作已完成。

2020年3月14日11时45分，外网网站系统恢复正常。

原因分析

外网网站系统指标数据通过系统监控程序获取，系统转发程序通过JDBC方式，经过隔离装置发送指标数据至内网数据库。经过信息网隔离装置发送至内网数据库。

隔离装置运维人员首先通过登录信息内外网安全检测系统及隔离装置配置软件，发现隔离装置实际数据库连接数大于业务配置最大连接数。接着隔离装置运维人员通过分析系统日志发现Oracle数据库系统信号函数skgesigOSCrash存在中断，导致隔离装置创建进程函数nds_clean_thread运行失败。由于nds_clean_thread的功能是清理进程，无法及时清理进程会导致进程队列出现拥塞。

综上所述，本次故障的主要原因为近期电力调度气象业务量激增，隔离装置设备数据库连接数超过阈值，造成系统无法正常进行数据传输，导致指标异常。

整改措施

（1）隔离装置数量较少，业务分配不合理，下一步将增加隔离装置的数量，并对涉及关键指标的业务单独分配进程。

（2）优化负载均衡设备对隔离装置的探测机制，确保发生故障时及时将故障设备剔除转发队列。

案例 5

隔离装置进程节点卡死导致业务系统监控异常

故障现象

2020年11月24日20时50分，某单位信息调度人员监控发现电力交易（外网）监控告警，在线用户数、健康时长断点。

故障处理

2020年11月24日20时50分，某单位信息调度人员监控发现I6000系统监控中电力交易（外网）系统告警，在线用户数、健康时长断点。

2020年11月24日21时00分，系统运维人员登录服务器排查发现取数接口及探测取数正常，立即排查隔离传输程序，发现传输中断。

2020年11月24日21时03分，分别重启两台应用节点隔离传输服务。

2020年11月24日21时10分，重启后依然无法连接数据库，如图5-2所示，初步判断隔离装置故障，并将该问题转告隔离装置专责及运维人员。

```
2020-11-24 20:56:04,700 INFO [indb] - 本次入库告警消息数据0条
2020-11-24 20:56:04,700 INFO [indb] - 统计消息入库
2020-11-24 20:56:04,700 INFO [indb] - 本次入库统计消息内存列表为空！
2020-11-24 20:56:04,700 INFO [indb] - 本次入库统计消息数据1条
2020-11-24 20:57:04,701 INFO [indb] - InsertReceivedDataThread end work
2020-11-24 20:57:04,701 INFO [indb] - InsertReceivedDataThread start work
2020-11-24 21:10:19,527 INFO [indb] - InsertReceivedDataThread start work
2020-11-24 21:10:19,528 INFO [indb] - 重连数据库开始
2020-11-24 21:10:19,532 INFO [indb] - InsertReceivedDataThread start work
2020-11-24 21:10:19,532 INFO [indb] - 重连数据库开始
2020-11-24 21:17:08,765 INFO [indb] - InsertReceivedDataThread start work
2020-11-24 21:17:08,769 INFO [indb] - InsertReceivedDataThread start work
2020-11-24 21:17:08,773 INFO [indb] - 重连数据库开始
2020-11-24 21:17:08,773 INFO [indb] - 重连数据库开始
2020-11-24 21:17:08,929 INFO [indb] - 获取数据库连接成功！
2020-11-24 21:17:08,929 INFO [indb] - 本次入库网管性能消息数据0条
2020-11-24 21:17:08,929 INFO [indb] - 本次入库性能消息内存列表为空！
2020-11-24 21:17:08,929 INFO [indb] - 本次入库业务系统性能消息数据0条；
2020-11-24 21:17:08,929 INFO [indb] - 本次入库性能消息内存列表为空！
2020-11-24 21:17:08,930 INFO [indb] - 告警消息入库
2020-11-24 21:17:08,930 INFO [indb] - 本次入库告警消息内存列表为空！
2020-11-24 21:17:08,930 INFO [indb] - 本次入库告警消息数据0条
```

图5-2 重启后连接不到数据库

2020年11月24日21时15分，隔离装置系统运维人员登录隔离装置发现*.*.*.*节点进程卡死。

2020年11月24日21时17分，隔离装置系统运维人员重启隔离装置，并迅速将系统服务转移至另一台隔离装置上，向系统运维人员提供新的隔离装置连接串，系统运维人员修改隔离装置连接串之后重启传输服务，数据库连接成功。

2020年11月24日21时20分，数据传输正常，系统告警恢复。

原因分析

隔离装置运维人员排查发现隔离装置节点进程卡死，此时电力交易系统经过隔离装置传输监控数据，但隔离装置进程卡死无响应，导致数据积压在隔离装置上，从而造成系统监控异常告警。

经隔离装置厂家人员查看隔离装置日志，发现隔离装置系统内核版本为老版本，版本内核存在漏洞，导致此次隔离装置服务进程卡死，将进行系统版本升级。

整改措施

（1）优化隔离装置运行方式，梳理整合隔离装置各进程中的业务，消除无效访问连接，提升隔离装置运行状态。

（2）加强各业务系统及设备管理人员沟通协调，缩短故障处理时间。

（3）提升现场运维人员技能及故障排查速度，提高现场故障处置效率。

（4）加强系统及设备巡检力度及监控频率，如发现异常，确保运维人员第一时间发现故障并合理处置。

第六章

平台软件故障分析与处理

案例 1

未绑定云平台弹性 IP 导致业务系统监控异常

故障现象

2022年8月13日07点45分，某公司发现I6000系统所有系统监控状态异常，平台页面数据加载异常，与总部级联异常。

故障处理

2022年8月13日07时45分，信息调度发现I6000系统平台页面数据加载异常。

2022年8月13日07时47分，信息调度通知I6000系统运维人员，并启动《网络与信息系统故障处置应急预案》。

2022年8月13日08时05分，I6000系统运维人员到达现场，通过PL/SQL连接Oracle数据库时，提示连接超时，随即发现无法PING通数据库SCAN IP，可以PING通Oracle数据库两个节点IP，初步定位问题为数据库问题，立即通知数据库运维人员排查。

2022年8月13日08时06分，登录云平台排查问题，由于云平台升级，虚拟私有云及弹性云服务器界面无法加载，因页面无法加载，只能通过后台登录数据库。

2022年8月13日08时12分，总部信通调度来电，告知需查看其他系统是否正常，并截图发送总部邮箱。

2022年8月13日08时15分，数据库运维人员登录数据库查看集群状态，集群状态online,各资源组件正常。查看监听状态，状态正常，无异常。使用public ip通过plsql工具连接数据库，可正常登录，SCAN IP则无法正常连接。查看数据库alert日志，alert日志没有明显与本次故障相关的信息。需通过虚拟私有云及弹性云服务器界面进一步排查。初步断定因华为云升级，导致无法连接SCAN IP。立即通知华为云尽快恢复虚拟私有云及弹性云服务器访问界面。

2022年8月13日8时38分，因华为云功能升级检修报错，本地华为云运维人员开始排查错误以恢复虚拟私有云及弹性云服务器访问界面。

2022年8月13日09时05分，调度电话汇报总部异常原因为华为云平台检修导致。

2022年8月13日09时10分，总部信调复核云平台检修的影响范围、计划开竣工时间、I6000系统检修可视化实际开竣工时间等情况，确认检修可视化流程中检修，显示未开工。并通知该公司检修未开工，尽快处置故障，故障处置期间留存佐证材料。

2022年8月13日09时28分，本地华为云运维人员无法立即恢复虚拟私有云及弹性云服务器访问界面，联系研发进行错误排查。

2022年8月13日10时38分，云平台虚拟私有云及弹性云服务器界面可以加载，通过虚拟私有云界面发现SCAN IP未绑定弹性云物理IP，绑定物理IP后，数据库连接恢复正常。

2022年8月13日10时45分，I6000系统全部恢复正常。

原因分析

2022年8月13日华为云功能升级检修前，华为云中SCAN IP未绑定弹性云物理IP，但I6000系统应用及数据库运维人员通过SCAN IP连接数据库均正常，故未绑定弹性云物理IP。

2022年8月13日华为云功能升级检修中，升级管理面后，因未绑定弹性云物理IP，无法PING通I6000系统 oracle数据库SCAN IP，I6000系统所有应用连接oracle数据库失败，导致所有监控中断。I6000系统 oracle SCAN IP绑定弹性云物理IP后，I6000系统所有应用连接oracle数据库成功，I6000系统监控恢复正常。故本次故障因华为云功能升级检修导致。

整改措施

（1）组织对华为云上oracle数据库SCAN IP未绑定弹性云物理IP开展排查，经排查，云上只有I6000系统使用oracle，已将其绑定物理IP。

（2）云平台底层基础平台检修期间，做好业务系统监控及保障工作。

案例 2

ORACLE 版本差异数据库节点宕机导致业务系统停运

故障现象

2020年4月4日00点25分，某公司通过I6000系统监控发现通信管理系统（TMS）健康运行时长指标中断、在线用户数指标出现中断、主页探测指标中断、性能监测不可用，系统无法登录。

故障处理

2020年4月4日00时25分，某公司发现I6000系统中TMS指标告警后，立即启动《某公司通信管理系统—应急预案及快速恢复方案》，组织相关运维人员排查情况并开展紧急抢修。

2020年4月4日01时30分，经过TMS运维人员排查，发现TMS PI3000应用程序日志文件异常，应用程序无法连接数据库。

2020年4月4日01时35分，TMS运维人员重启应用服务。

2020年4月4日01时39分，TMS登录页面（系统主页）恢复，性能监测系统的页面探测恢复正常。但由于应用程序未能连接到数据库，造成系统页面登录功能不可用，导致I6000系统取数指标未恢复。

2020年4月4日02时00分，经数据库运维人员检查发现TMS数据库B节出现宕机。

2020年4月4日02时10分，主机运维人员确定数据库RAC集群B节点主机宕机原因为硬件故障。

2020年4月4日02时15分，数据库运维人员确认在B节点故障期间A节点主机系统运行正常。

2020年4月4日02时16分，TMS运维人员再次尝试启动应用连接数据库，但是在

A节点可用，数据库整体可通过Plsql连接的情况下，应用系统依然提示无法连接数据库，报错信息ORA-12514。

2020年4月4日02时25分，主机运维人员通过数据库B节点小型机的液晶屏查看服务器的运行错误代码为B150B10C，初步怀疑服务器内存损坏，导致服务器宕机无法启动。

2020年4月4日02时30分，通过数据库B节点小型机的ASM查看服务器的后台EVENT LOG，发现错误信息为序列号为YL10101CF000、YL10101CF008的二块CPU板。

2020年4月4日02时35分，将数据库B节点小型机的二块CPU板拔插复位，尝试启动失败，进一步确认服务器主板存在问题。

2020年4月4日02时50分，使用测试主机主板备件进行更换。

2020年4月4日03时14分，数据库B节点小型机操作系统启动完成。

2020年4月4日03时20分，更改数据库B节点小型机操作系统中关于共享磁盘的reserve_policy参数为no_reserve。

2020年4月4日03时39分，数据库B节点小型机启动ORACLE RAC集群。硬件故障排除，数据库B节点小型机操作系统启动正常。

2020年4月4日03时44分，数据库运维人员恢复数据库集群，确认正常。

2020年4月4日03时45分，管理员重新启动应用程序连接数据库，系统恢复正常。

2020年4月4日04时00分，通信管理系统健康运行时长与在线用户数等指标均正常。

原因分析

TMS为公司通信管理工作提供全面的业务支持，实现通信设备网络的建设与运维管理以及对通信物质、业务、人员的专业管理。具备告警实时监测、通信资源管理、运行管理功能。

系统的物理架构采用双机双网方式进行配置。系统内硬件配置按网段划分为数据采集、数据存储、应用服务、人机交互4类。系统部署在管理信息大区，共4台服务器，其中2台为PC服务器，2台为AIX小机。系统应用程序部署在2台PC服务器上，采用负载均衡方式运行，数据库运行在2台AIX服务器上，系统数据库为ORACLE，采用RAC方式运行。

按照TMS的双机双网设计架构，数据库RAC集群起到负载均衡和高可用的作用，单台设备宕机不会影响系统整体运行。但本次故障期间，数据库B节点宕机时TMS整体停运。

经详细排查分析，发现TMS在数据库软件ORACLE按照总部基础平台版本管理要求，进行过大版本升级。而在ORACLE官网检索后发现，高版本取消了对oracle.jdbc.driver的支持。而TMS是上线的老系统，编码方式，驱动连接方式与ORACLE支持的方式存在差异。

本次数据库B节点宕机时TMS整体停运的原因为ORACLE大版本升级后，TMS支持的ODBC驱动与ORACLE支持的数据库连接方式存在差异，造成系统出现偶发错误，造成在数据库B节点宕机后，应用程序无法连接ODBC驱动，引发TMS停运。运维人员在测试环境中将应用服务Weblogic中间件的目录server/lib下的ojdbc6.jar替换为ojdbc14，并重命名为ojdbc6.jar，经测试问题得以解决。

整改措施

（1）调整现有TMS的ODBC驱动，修改Weblogic中间件的目录server/lib下的ojdbc6.jar，将其替换为ojdbc14并重命名为ojdbc6.jar。

（2）增加备件品种及数量，降低故障处理时间。

案例 3

数据库表空间不足导致业务系统功能异常

故障现象

2022年5月2日07时45分至15时30分，网上国网App部分用户缴费异常。

故障处理

2022年5月2日07时45分，信息调度接到总部客服中心申告网上国网App缴费异常。信息调度接到申告后，按照《五一劳动节期间网络与信息系统保障方案》相关要求，立即启动应急预案，通知网上国网运维人员开展应急处置工作。

2022年5月2日07时50分，网上国网、一体化缴费平台、相关主机和网络运维人员立即赶往抢修区开展故障抢修工作。

2022年5月2日08时05分，运维人员到达抢修现场，并开展应急处置工作。

2022年5月2日08时10分，经运维人员排查确认，网上国网App部分用户缴费失败。

2022年5月2日08时20分，网上国网运维人员排查发现，调用一体化缴费平台接口服务异常。

2022年5月2日08时30分，一体化缴费平台运维人员排查发现，平台数据库连接、查询正常，接口服务器有少量超时现象。因一体化缴费平台缴费业务调用营销业务应用系统接口，一体化缴费平台运维人员立即联系营销业务应用系统相关人员协同排查。

2022年5月2日08时52分，营销业务应用系统运维人员经排查确认，营销业务应用系统一体化缴费接口服务正常，平台运维人员初步判断原因出自网络、主机、安全等相关方面。

2022年5月2日09时00分，一体化缴费平台运维人员立即联系主机、网络、数据通信网、安全等方面相关人员配合开展排查。

2022年5月2日09时25分，经网络相关人员排查，确认一体化缴费平台所使用的数据通信网、信息核心网络、接入网络、设备连线运行正常，排除网络相关因素。

2022年5月2日10时20分，经主机、安全相关人员排查，确认资源池宿主机、资源池虚拟机、时钟同步、ips拦截记录等运行正常，访问控制策略无异常。

2022年5月2日10时30分，经过现场人员讨论分析，初步判断为亚信ds_agent探针对部分缴费请求进行了拦截，立即对探针进行关闭操作。

2022年5月2日10时35分，网上国网和一体化缴费平台运维人员关闭了网上国网和一体化缴费平台的亚信ds_agent探针，一体化缴费平台运维人员组织开展缴费业务验证。

2022年5月2日10时40分，经现场人员验证，网上国网App缴费业务恢复。

2022年5月2日10时50分，一体化缴费平台运维人员再次发现一体化缴费平台接口服务请求超时，排除主机、安全等相关因素，一体化缴费平台运维人员初步判断故障点为一体化缴费平台接口服务异常。

2022年5月2日11时00分，一体化缴费平台运维人员重启一体化缴费平台接口服务。

2022年5月2日11时10分，一体化缴费平台运维人员完成一体化缴费平台接口服务重启，并组织验证缴费业务。

2022年5月2日11时30分，一体化缴费平台运维人员发现部分缴费业务仍存在超时现象，紧急联系一体化缴费平台开发，协助现场排查。

2022年5月2日11时50分，经过现场人员讨论分析，决定进行一体化缴费平台接口服务器迁移。

2022年5月2日12时00分，主机运维人员完成一体化缴费平台接口服务器迁移，一体化缴费平台运维人员组织验证缴费业务。

2022年5月2日12时05分，一体化缴费平台运维人员发现部分缴费业务仍存在超时现象。

2022年5月2日12时15分，一体化缴费平台运维人员完成一体化缴费平台接口服务器重启，组织验证缴费业务。

2022年5月2日12时20分，经现场人员验证，网上国网App缴费业务恢复。

2022年5月2日12时35分，一体化缴费平台运维人员再次发现一体化缴费平台接口服务部分请求超时。

2022年5月2日13时00分，经过运维人员进一步研究分析，将排查重点从一体化缴费平台接口转移至数据库，同时通知数据库运维人员立即赶往抢修区开展数据库排查工作。

2022年5月2日13时20分，数据库运维人员开展一体化缴费平台数据库排查，经运维人员分析数据库报告，发现enq: TX - index contention等待时间严重。

2022年5月2日13时30分，数据库运维人员进一步查看top sql，发现耗费时间较多的sql，都是对同一张表insert操作。

2022年5月2日13时50分，数据库运维人员与业务运维人员沟通，发现该表（I_TRANS_DET_REC为网上国网交易环节记录表，主要用于记录业务交易环节，包括了交易环节标识、响应码、交易状态等信息）数据量大，索引维护开销大，导致数据库数据写入缓慢，进一步确认该表为接口服务调用数据。经过数据库运维人员进一步研究，采用rename方式将原表重命名，重新收统计信息，缓解数据库等待时间。

2022年5月2日14时30分，数据库运维人员开始采用rename方式将表重命名，新建和原表属性完全一致的空表。

2022年5月2日14时50分，一体化缴费平台运维人员组织验证缴费业务，发现部分接口请求无法正常调用。经数据库运维人员分析，rename方式重命名后，原表数据仍以备份的方式存放在表空间中，相应空间未释放，导致数据无法正常写入。

2022年5月2日15时05分，数据库运维人员进一步排查数据库alert日志，发现日志中存在大量ora- 1653错误，表空间无法扩展，数据库运维人员立即排查表空间使用情况，发现空间已满。

2022年5月2日15时15分，数据库运维人员开始进行一体化缴费平台接口服务器数据库表空间扩容操作。

2022年5月2日15时26分，数据库运维人员完成表空间MCTPSYS扩容。网上国网App缴费恢复正常。

2022年5月2日15时30分，完成网上国网App某单位本地用户缴费业务验证。

原因分析

（1）一体化缴费平台数据库表空间MCTPSYS不足，导致接口服务器无法往数据库表写入大量数据，进而导致网上国网App部分缴费请求无法满足，最终造成网上国网

App部分用户缴费失败。

（2）一体化缴费平台限定网上国网缴费渠道并发连接数为50，缴费任务获取连接建立线程（最大50）后，在数据库无法写入的情况下（耗费一定时间，写入操作异常终止），亦可向营销系统写入数据，完成缴费活动，故部分用户可缴费成功。

整改措施

（1）完成一体化缴费平台接口服务器数据库MCTPSYS表空间扩容，同时完成MCTPSYS数据库表空间历史数据备份及清理，MCTPSYS表空间使用率为20%。

（2）结合监控工具，开展系统业务层面的全链路监测和日志分析研究，第一时间定位异常原因，提高现场故障处置效率，缩小影响范围，缩短影响时间，确保系统安全稳定运行。

案例 4

数据库存储依赖文件配置异常导致集群重启

故障现象

2022年6月9日18时58分，在执行Oracle数据库池节点宕机应急演练过程中，发生集群对外服务中断，造成应急指挥、配网设计、应用商店和自动报表工具的监控指标（在线用户数、健康运行时长、日登录数）中断。

故障处理

2022年6月9日18时05分，数据库运维人员开展Oracle数据库池节点宕机应急演练，由于集群的高可用特性，应对相关系统运行指标不造成影响。

2022年6月9日18时40分至18时56分，数据库运维人员核验Oracle数据库池的计算节点上数据库服务运行情况，确认无误后按照计划停止Oracle数据库池1号服务器上数据库服务及本地集群服务。

2022年6月9日18时58分，数据库运维人员登录数据库池2号服务器上核查数据库服务运行情况，发现无数据库实例信息；立即登录其余计算节点进行数据库服务检查，发现部分数据库服务已有异常情况。

2022年6月9日19时02分，数据库运维人员核查系统日志发现集群服务发生重启，立即终止应急演练，随即恢复1号服务器的本地集群服务和数据库服务。

2022年6月9日19时07分，数据库运维人员完成1号服务器本地集群和数据库服务启动。

2022年6月9日19时08分，数据库运维人员通过1号服务器查询数据库池其他节点的数据库实例运行情况，发现还有部分数据库实例未自启成功；数据库专责依次对未自启成功的数据库实例执行命令行启动操作。

2022年6月9日19时16分，所有数据库实例服务均ONLINE，启动正常。

2022年6月9日19时21分，所有业务系统的监控指标均正常。

原因分析

Oracle数据库池为自建X86架构的分布式存储数据库，由9台计算节点和3台存储节点组成，主要存放数据量小于1TB的中小规模数据库服务，涉及配电网移动应用、市场化售电等44套业务系统数据库实例。

（1）数据库自动存储管理（automatic storage management，ASM）集群向各计算节点的数据库实例发送停止命令，将所有远程数据库实例强制关闭，造成整个数据库集群宕机。

（2）该数据库集群在前期做过磁盘组替换工作，而全局存储资源依赖文件配置中未删除对原老旧失效磁盘组的依赖，导致在关闭本地集群服务时，数据库内部机制判定该集群处于异常状态，从而发送停止命令强制关闭所有用到该失效磁盘组的远程数据库实例，以刷新存储资源信息，确保数据库资源配置时不再引用失效磁盘。

整改措施

由于在数据库操作中，对DATA（ MGMT ）等磁盘组做过数据迁移工作，迁移工作是在线操作且未重启过节点。建议在开展磁盘组替换过程中，及时在存储资源依赖配置文件中删除已替换的失效磁盘组，该配置文件在修改后会自动生效。

案例 5

数据库系统工单编码规则冲突导致95598工单流转异常

故障现象

总部客服中心发现某公司95598工单流转异常，无法下派，经与某公司95598沟通确认，为某公司95598流程工单生成失败，造成无法下发，前台报错。

故障处理

2020年9月9日01时15分，系统运维人员对营销生产两台数据库活动会话进行监控，未发现数据库行锁及性能SQL语句。

2020年9月9日01时21分，系统运维人员对营销生产两台数据库服务器进行排查，发现数据库服务器运行正常，未发现主机上有异常日志。

2020年9月9日01时26分，系统运维人员登录营销Weblogic控制台对营销中间件进行监控，营销Weblogic中间件运行正常。

2020年9月9日01时35分，系统运维人员对营销应用服务器集群进行日志排查分析，未发现有异常。

2020年9月9日01时45分，系统运维人员进一步对95598工单接口调用日志进行分析，发现日志中存在以下报错："ORA-00001:违反唯一约束条件（WF_AMBER.PK_INDYWF_INSTANCES_CUR_BAK）ORA-06512: 在 line 1）失败"。

2020年9月9日01时58分，系统运维人员收集报错日志，反馈至研发协助分析问题原因。

2020年9月9日02时20分，通过对下派失败的工单进行分析，此工单为故障报修工单。故障报修工单正常处理流程为"国网派单→接单派工→故障处理→客户回访（国网）→归档"，这个故障工单在"国网派单"环节往下一环节发送时，生成工单失败。

2020年9月份冲突的工单截图如图6-1所示。

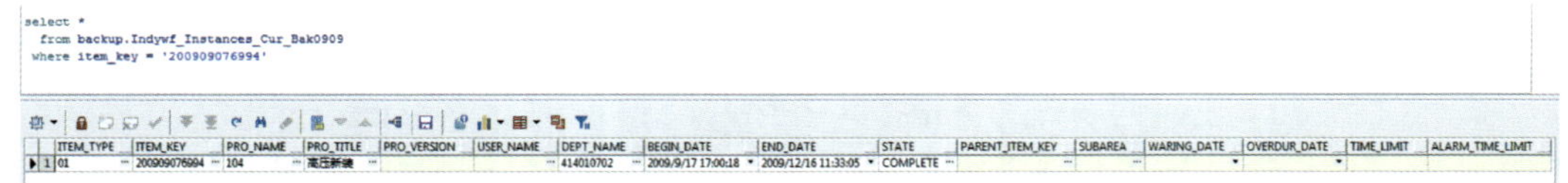

图6-1　2020年9月份冲突的工单截图

2020年9月9日02时46分，经过系统运维人员数据处理（删除9月历史工单），95598异常工单重新下发后，工单流转恢复正常。

2020年9月9日02时52分，通过后台分析及工单流转验证，异常问题消除，95598工单流转恢复正常。

原因分析

此次异常共造成25件工单线上流转提交失败，经处理后25件失败工单正常流转，工单均未超过业务要求时限。95598工单下发异常期间，营销业务应用系统中间件、数据库运行正常。

2020年7月营销系统进行了市县融合，原市公司营销系统融合到县公司营销系统，合并后为某单位新的营销业务应用系统。在融合期间，将市公司工单迁移到新的营销的系统工单，但是两套系统工单编号规则不同。造成营销系统95598工单编码生成冲突。

营销工单编码说明：

（1）营销系统工单编号规则：年（最后2位）+月+日+流水号，20XX09076994，代表9月9日流水号为076994的工单。工单编码长度12位。

（2）原市公司营销系统工单编号规则：年（完整4位）+月+日+流水号，20XX09076994，代表9月7日流水号为6994的工单的工单。工单编码长度12位。

2020年9月9日00时00分起营销系统生成的工单编号为20××09××××××，与市县融合期间迁移过来的原市公司营销系统9月工单编号20××09××××××发生工单号冲突，造成无法写入。

该异常事件属于系统工单编码规则冲突造成，经过迁移发送冲突的历史工单表，异常消除。

整改措施

本次故障是由于营销历史数据割接过来的2020年9月份数据与2020年9月9日营销系统生成的工单编号发生主键冲突，造成营销系统95598工单编号生成失败，95598工单流转异常。异常发生时间很难预估，具有隐蔽性。为提高系统稳定性，提出以下整改措施：

（1）将营销生产库10张95598业务咨询、故障报修、投诉和举报等相关业务表及工作流程表的历史数据转迁至历史库，并将生产库已发生工单冲突或未来可能发生工单冲突的历史数据进行清理。

（2）沟通开发单位对营销工单编号长度由12位扩容至14位，扩展后的工单编号格式为：××（年）9（月）9（日）××××××××（流水编号），从根本上避免此类问题再次发生。

案例 6

Tomcat 服务内存溢出导致业务系统监控异常

故障现象

2020年7月17日23时50分，运维人员接信息电话反映内网网站出现性能监测告警，探测页面无法正常打开。

故障处理

2020年7月17日23时50分，调度人员告知内网网站运维人员性能监测告警。

2020年7月18日00时05分，运维人员现场打开内网网站首页正常，打开子节点服务后发现 *.*.*.*这台服务器的其中一个子节点页面无法打开、显示异常。

2020年7月18日00时05分，登录 *.*.*.*服务器，查看tomcat服务进程是否正常，发现进程还在。

2020年7月18日00时15分，查看tomcat服务日志，发现内网网站访问日志还能正常写入如下– *.*.*.*– – [18/Jul/00:13:31 +0800] “GET / HTTP/1.1” 404 –

– *.*.*.* – – [18/Jul/00:13:36 +0800] “GET / HTTP/1.1” 404 –

– *.*.*.*– – [18/Jul/00:17:04 +0800] “GET / HTTP/1.1” 404 –

– *.*.*.* – – [18/Jul/00:21:18 +0800] “GET / HTTP/1.1” 404 –

– *.*.*.* – – [18/Jul/00:22:09 +0800] “GET / HTTP/1.1” 404 –

– *.*.*.* – – [18/Jul/00:23:22 +0800] “GET / HTTP/1.1” 404 –

但是报404错误（网站页面无法打开），节点端口被占用，网站静态页面没加载。查看日志发现内存溢出错误，java.lang.OutOfMemoryError:java heap space。

2020年7月18日00时25分，找到异常tomcat服务后，通过命令结束这个异常的tomcat服务，然后重启这个服务。

2020年7月18日00时30分，重启tomcat服务后；页面正常访问，性能监测正常。

2020年7月18日00时48分，观测3个时间点后，运维人员回复信息调度系统恢复正常。

原因分析

内网网站共5台服务器，*.*.*.*–* 为web服务，这4台服务器各部署了一个网站后台节点、2个前台节点，*.*.*.* 为视频服务器。后台通过F5地址：http:/ *.*.*.*/cms提供服务。前台通过地址http:// *.*.*.* 提供服务。

在JVM中98%时间用于GC且可用的Heap size 不足2%的时候将抛出java.lang.OutOfMemoryError:java heap space异常信息。由于 *.*.*.* 这台服务器tomcat节点1java运行最大内存为521MB且有两年未重启过。节点运行时间较长导致内存溢出，并引起此tomcat节点假死，tomcat服务端口并未关闭。

但是对于F5负载均衡器来说，检测此tomcat服务端口还是通着的，负载均衡认为应用是正常的。内网网站负载均衡配置是基于源地址会话保持策略和最小连接数算法分发策略，原来被分发到假死tomcat节点就会一直分发到假死tomcat的节点服务上。

整改措施

（1）tomcat内存溢出导致服务异常，计划增大tomcat的配置内存，提高tomcat的对请求的处理性能。

（2）在内网网站负载均衡健康监测配置新增应用探测页面，如果探测页面内容返回“SUCCESS”则应用为正常，则F5分发，提高系统的可用性。

第七章

应用系统故障分析与处理

案例 1

DNS 域名解析异常导致云终端无法访问企业门户

故障现象

2023年6月7日08时30分左右，某省公司用户向桌面云终端运维人员反映云终端无法正常访问企业门户。

故障处理

2023年6月7日08时51分，云终端运维人员通过云终端桌面无法访问域名网站，随即展开云终端系统问题排查和平台服务巡检工作，网络运维人员排查云终端相关网络设备，网络设备运行正常，云终端桌面无法通过域名访问业务系统。

云终端运维人员登录云终端DNS服务器检查，发现无法正常访问某省公司内网DNS服务器。

网络运维人员联系安全运维人员检查防火墙策略，发现防火墙上配置有云终端DNS服务器相关禁止访问策略，通知安全运维人员处理。

2023年6月7日09时49分，安全运维人员在防火墙上关闭云终端DNS服务器相关禁止访问策略，云终端DNS服务器访问省公司DNS服务器恢复正常，云终端用户域名访问系统恢复正常。

原因分析

（1）直接原因。2023年6月6日17时30分，安全运维开启云终端DNS服务器禁止访问策略，一台DNS服务器与省公司DNS服务器同步失败，另一台DNS服务器因直接转发*.*.*.*而导致服务同时失效，导致本次异常事件发生。

（2）根本原因。2023年5月27日，总部下发终端恶意程序及“挖矿”排查治理工作通知。5月31日，网络安全分析室发现内网地址*.*.*.*对恶意域名发起多次访问。6

月6日，安全运维人员封禁IP地址，导致本次问题发生。

整改措施

（1）研究云终端DNS服务器优化配置方案。根据本次异常存在的DNS服务器冗余机制配置缺陷、缓存机制失效问题，与相关厂商研究解决方案。

（2）建立重要IP地址清册。全面梳理云终端系统IP地址并形成白名单清册，避免再次发生对重要IP地址的非必要关停操作。

案例 2

I6000 系统内网转发程序异常导致业务系统监控异常

故障现象

2022年6月2日09时05分，信息调度值班员发现I6000系统所有外网业务系统产生指标中断告警。

故障处理

2022年6月2日09时05分，运维人员接信息调度值班员电话报I6000系统所有外网监控业务系统产生指标中断异常告警。

2022年6月2日09时06分至6月2日09时15分，经运维人员排查，外网业务系统指标数据均正常采集且外网转发程序正常入库，内网转发程序日志中出现java.sql.SQLRecoverableException:ClosedConnection报错。运维人员登录Oracle数据库查看中间表(nms_v2.nms_nds_message)，发现有大量采集数据未消费。因该表中数据是部署在外网服务器上的采集程序采集，然后通过外网转发程序，穿隔离装置入Oracle数据库，需经由内网转发程序读取并转发并发送内网数据总线，初步怀疑为内网转发程序运行异常导致。

2022年6月2日09时21分至6月2日09时23分，运维人员将*.*.*.*–*服务器上内网转发集群对应3个节点的转发程序依次进行重启，查看日志发现开始正常转发指标数据。

2022年6月2日09时25分，I6000系统所有外网业务系统监控中断告警恢复。

原因分析

经查，故障原因是外网指标数据存储至数据库中间表后，内网转发程序访问数据库异常，导致外网业务系统监控指标未能及时被消费，产生告警。

I6000系统采用微服务技术架构，共有45台服务器，其业务应用层基于容器、组件化运行，采用K8S集群部署，共使用10台资源池服务器；针对内外网数据库、中间件、主机、业务系统和外网网络设备共部署5个采集集群，一个采集前台Weblogic集群，共使用17台服务器；针对数据分析服务部署一个数据分析模块和一个ES集群，使用10台资源池服务器，另有镜像仓库Harbor服务和Git服务占用两台资源池服务器；使用的数据库类型包含Oracle、Mysql和Mongodb，Oracle数据库采用RAC集群部署于机房，Mongodb数据库采用集群部署在资源池虚拟机，Mysql采用华为云RDS服务，资源分配相对分散。

（1）直接原因。I6000系统外网业务系统指标采集后，经过隔离装置保存至内网Oracle数据库中间表，然后由内网转发程序读取数据并转发。期间转发程序报错，指标数据积压在数据库中间表，导致该时间段内无指标数据存入Mongodb库中，触发外网业务系统指标缺失告警。

（2）根本原因。I6000系统采集服务器keepalived参数值设置不合理。Linux操作系统中默认的保活机制keepalived参数值为2h，若两端TCP连接长时间没有数据交互，则会定时触发TCP保活机制，并根据对端程序是否正常响应来判断该TCP连接是否已经死亡。本次故障期间，转发程序由node1节点切换至node3节点后，该节点上转发程序与Oracle数据库之间连接实际已死亡，读取指标数据失败，但程序认为连接正常。调整keepalived参数值为60s，并优化转发程序连接池参数，保证TCP连接无数据交互时依旧保持存活。

整改措施

（1）通过技术手段对转发程序进行日志采集分析，并对异常日志进行告警，确保第一时间发现并处理转发程序出现的问题。

（2）重新规划，将分散部署的Oracle数据库和Mysql数据库与其他应用服务器资源集中至同一机房，规避由于资源分散产生的网络风险，提高系统性能。

案例 3

主机打开文件数超过阈值导致业务系统运行异常

故障现象

2020年10月10日11时17分，信息调度接客服中心人员电话，告知95598业务支持系统存在个别95598业务工单无法正常提交下派。

故障处理

2020年10月10日11时17分，营销业务运维人员联系某省客服业务人员提供详细工单号进行排查问题，通过初步排查，提供的工单编号核查没有调用营销95598接口服务的请求日志信息。

2020年10月10日11时23分，接某省客服持续反馈，存在大量95598业务工单无法下派,提交失败，进入暂停情况。营销业务运维人员接收到反馈后，开展核查所有涉及95598服务器日志跟踪查询，核查结果仍未发现请求日志和报错信息，排查95598业务支持系统调用营销95598服务的详细报错提示信息，并继续在省侧营销系统展开涉及服务器所有服务问题排查。

2020年10月10日11时30分，营销系统运维人员核查营销95598接口服务集群*.*.*.*地址URL，打开运行正常。

2020年10月10日11时35分，排查95598接口服务集群涉及4个单节点地址URL，其中*.*.*.*:*服务地址URL打开正常。

..*.*:*服务地址URL打开正常。

..*.*:*服务地址URL打开异常，无法正常访问。

..*.*:*服务地址URL打开正常。

2020年10月10日11时45分，因访问营销服务是用户*.*.*.*集群地址，考虑应该是每次请求访问到异常单节点服务上了，导致总是提交访问失败。

2020年10月10日11时50分，营销系统运维人员确认后，及时重启*.*.*.*:*服务。

2020年10月10日11时59分，异常单节点服务重启完成后，观察服务运行正常，并通知省客服业务人员进行工单的再次提交下派，工单正常提交成功。

2020年10月10日12时20分，总部进行批量工单提交下派，均可正常提交，问题解决。

原因分析

（1）单点*.*.*.*:*服务异常。具体原因为*.*.*.*服务器出现Weblogic错误，经查询操作系统打开文件句柄参数缺省值为1024，该参数限制服务打开文件数量，当95598工单业务下派时，程序同时并发调用多个工程文件，打开文件数超过上限后会出现异常。*.*.*.*服务器上同时运行着营销应用系统95598服务和网上国网工单申请相关程序，网上国网缴费业务于2020年开始广泛应用，于2020年10月10日10时至12时为业务高峰期，如图7–1所示，这两个服务同时开展，造成*.*.*.*服务器打开文件数超过操作系统的阈值设置，如图7–2所示，引发单点故障。

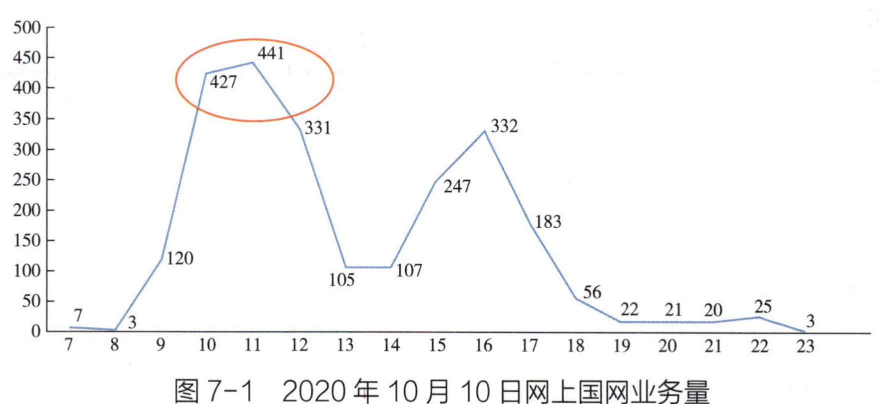

图7–1　2020年10月10日网上国网业务量

（2）服务配置不合理。营销应用系统95598服务采用两台服务器，4个单节点服务集群，提供给95598业务支持系统访问，支撑95598工单业务下派。95598业务支持系统访问营销集群服务地址*.*.*.*,此营销集群服务的请求分发策略是会话保持（SourceAddressAffinity），这个策略是和营销业务应用系统集群策略一致，该策略在请求地址不发生变化时始终指向同一地址。造成工单下派请求信息一直指向单点*.*.*.*:*服务，最后导致总部95598工单无法正常下派。

95598业务支持系统连接营销服务接口地址成功后，处于锁定状态，连接的接口服

```
[root@sc186ws2 ~]#
[root@sc186ws2 ~]#
[root@sc186ws2 ~]# ulimit -a
core file size          (blocks, -c) 0
data seg size           (kbytes, -d) unlimited
scheduling priority             (-e) 0
file size               (blocks, -f) unlimited
pending signals                 (-i) 71680
max locked memory       (kbytes, -l) 32
open files                      (-n) 1024
POSIX message queues     (bytes, -q) 819200
real-time priority              (-r) 0
stack size              (kbytes, -s) 10240
cpu time               (seconds, -t) unlimited
max user processes              (-u) 71680
virtual memory          (kbytes, -v) unlimited
file locks                      (-x) unlimited
[root@sc186ws2 ~]#
[root@sc186ws2 ~]#
[root@sc186ws2 ~]#
```

图 7-2 服务器操作系统打开文件参数

务地址，每次访问集群地址时，正好请求到异常服务 *.*.*.*:* 服务上，导致工单提交失败。当日工单下派请求情况如图 7-3 所示。

服务运行情况日志记录核查

接口服务运行情况	08:25—10:11		10:40—10:48	11:17—12:20（故障时间）	12:00—12:09		13:18—
接口服务运行情况		10:27—10:30		其他业务如0207076接口服务正常运行		12:11—13:10	

时间轴：

图 7-3 当日工单下派请求情况

待重启异常服务正常后，95598 业务支持系统提交成功，恢复正常运行。

整改措施

（1）优化操作系统配置参数。调整优化服务器操作系统打开文件句柄参数缺省值为 16384。

（2）加强业务系统巡检。加强营销系统 95598 接口服务日常监控，日常巡检时，需每个单节点服务分别巡检，确保正常运行。

（3）调整 F5 负载策略。建立独立的 F5 端口，设定分发策略为轮询，取消会话保持策略，新增探测访问页面，配置 F5 探测，判断服务是否为假死状态，并在其中单节点服务出现异常后能及时分发到正常的单节点服务上。

Weblogic认证服务缺陷导致业务系统运行异常

故障现象

2022年6月13日12时05分，即时通信2.0系统出现用户掉线、重新登录连接远程服务器失败报错等现象。

故障处理

2022年6月13日12时05分，186客服接用户反馈，即时通信系统出现用户异常掉线、登录报错提示，186客服第一时间上报信息调度，信息调度电话通知运维人员到岗进行应急处置。

2022年6月13日12时35分，运维人员登录Weblogic控制台和检查服务器运行日志发现Weblogic应用服务存在大量的GC等待、线程池堵塞等告警，初步判断由于服务内存占用过高，造成应用服务响应缓慢。

2022年6月13日13时，运维人员增加系统服务组件Weblogic运行内存，重启服务生效后，告警消除。

2022年6月13日13时25分，系统恢复后用户登录人数持续增加，且无异常掉线情况。运维人员通知信息调度即时通信恢复正常，用户可以正常登录使用即时通信。持续开展系统监控，并将收集到的系统日志发送到技术人员开展进一步分析。

2022年6月14日10时30分，运维人员在后台巡检时发现登录用户在线人数逐渐减少，立即进行故障排查。

2022年6月14日10时50分，经排查，即时通信系统数据库CPU、内存使用率过高，为保证系统稳定运行，紧急开展问题消缺工作。

2022年6月14日11时30分，数据库运维人员紧急为即时通信数据库扩大CPU、内存等资源，提升数据库的响应能力，故障仍未解决。

2022年6月14日12时，通过排查发现即时通信Openfire服务组件的数据库连接池数达到最大值，运维人员随即增大数据库连接池数，把数据库连接池数从最大值25调整为最大值200。经深入排查发现数据库中存在慢查询，因慢查询涉及用户消息表，随后将其数据库慢查询日志和程序报错日志发送技术人员并共同定位问题。

2022年6月14日15时，根据技术人员下发优化过的认证服务程序包进行重新部署，重启系统Openfire服务组件后，即时通信于6月14日16时30分逐步恢复正常，并持续观察系统监控与业务验证。

原因分析

即时通信2.0部署在华为云平台。系统共有应用服务器12台，数据库采用华为云平台RDS数据库。

（1）直接原因。认证服务机制存在缺陷。在大量用户掉线后，短时间内会自动发起重连请求，即时通信认证服务需调用统一权限进行用户账号密码验证，由于登录重连并发量过大，导致统一权限响应缓慢，在即时通信认证服务等待超时后，认证服务会自动再次调用统一权限，引发更大流量，用户不能正常登录；同时即时通信循环认证机制也导致本身Weblogic线程池阻塞、JVM虚拟机内存频繁出现GC等待现象，严重影响本身服务性能，无法及时响应用户登录请求。

（2）根本原因。程序设计不合理，无法自动清除用户历史消息表。该情况随着系统运行时间过长，数据库存在过大的用户消息表，且存在不合理查询语句，造成慢查询占用连接池无法释放，最终导致问题发生。

整改措施

（1）优化认证机制缺陷。通过优化程序认证机制，减小调用统一权限认证接口的超时时间及去除客户端调用网关服务的自动重试功能；降低调用统一权限认证接口的并发量，有效提高了服务的响应速度，避免瞬时大量请求的涌入，提高了系统的稳定性和可用性。应用在研发时，应进行更加细致的需求分析与架构设计，应充分考虑到生产环境的复杂性，与用户量情况。避免因错误评估生产环境，导致功能模块在设计开发时机制设置不合理。

（2）加强系统巡检。通过增大巡检频率和范围，定期对各项参数进行评估，增加云平台上Paas层组件的统一监控和告警工具，进行快速故障定位与处理。

授权码过期导致业务系统运行异常

故障现象

2020年4月3日14时10分，信息调度值班员发现BPM系统在I6000系统中系统健康运行时长指标异常。

故障处理

2020年4月3日14时10分，运维人员接到调度值班人员电话通知，BPM系统I6000系统监控健康运行时长指标缺失。信息调度值班员立即通知BPM系统运维人员开展故障排查。

2020年4月3日14时30分，BPM系统运维人员到达现场排查问题，发现BPM系统服务器承载应用异常，调用BPM系统服务来执行业务的I6000系统和PMS2.0系统无法正常发起工单流程。

2020年4月3日15时00分，BPM系统运维人员进一步排查，分析系统日志报错提示并进行了相应修复操作，未能成功重启主服务。

2020年4月3日15时30分，现场人员联系技术人员排查后，发现系统LESENCE（授权码）过期导致BPM系统应用无法启动，BPM系统的SoTower组件LESENCE过期导致系统停止。

2020年4月3日15时45分，现场人员替换了新的可用LESENCE，开始重新启动主服务，未报错，如图7–4所示。

2020年4月3日16时05分，BPM系统恢复正常，调用流程管理系统服务的I6000系统和PMS2.0系统工单发起功能亦同步恢复正常，I6000系统监控恢复，如图7–5所示。

```
ynamic-Module : sotower_soti 变化为状态 : 停止完毕(事件)
04-03 17:05:08,810] INFO
olicy的最新修改时间 : 2020年04月03日 17时05分06秒 Fri
04-03 17:05:08,925] DEBUG
功注册PolicyCommandExtension
04-03 17:05:08,932] DEBUG
功注册NormalCommandExtension
04-03 17:05:08,932] DEBUG
功注册StatusCommandExtension
04-03 17:05:08,939] DEBUG
功注册ClusterCommandExtension
04-03 17:05:08,949] DEBUG
功注入ServletDelegate = org.sotower.dm.httpservice.HttpServiceServlet@696edf95
04-03 17:05:08,949] DEBUG
功获取WebAppClassLoader
04-03 17:05:08,949] DEBUG
功获取ServletConfigDelegating
04-03 17:05:08,952] DEBUG
功注册ModuleChangedListener
04-03 17:05:08,952] DEBUG
功注册SpringServiceChangedListener
04-03 17:05:08,953] DEBUG
功注册EntityRegListener
04-03 17:05:09,082] INFO
始验证应用授权情况, 当权授权码所属项目: ◆ ◆ ◆ ◆
04-03 17:05:09,082] INFO
权验证通过
04-03 17:05:09,091] INFO
用 sotower_dm_policy 提供的策略
04-03 17:05:09,124] INFO
索到 27 个Dynamic-Module
04-03 17:05:09,126] INFO
索到 27 个Dynamic-Module
04-03 17:05:09,127] INFO
索到 18 个即时启动的 Dynamic-Module
04-03 17:05:09,129] INFO
ynamic-Module : sotower_bss_cache 变化为状态 : 启动中(事件)
04-03 17:05:09,140] INFO
ynamic-Module : sotower_bss_cache 变化为状态 : 启动完毕(事件)
04-03 17:05:09,278] DEBUG
询资源堆 commons-logging.properties
04-03 17:05:09,281] DEBUG
架事件: 信息
04-03 17:05:09,311] DEBUG
询Resouce META-INF/services/org.apache.commons.logging.LogFactory
04-03 17:05:09,343] INFO
ynamic-Module : sotower_datasource 变化为状态 : 启动中(事件)
04-03 17:05:09,344] INFO
ynamic-Module : sotower_datasource 变化为状态 : 启动完毕(事件)
04-03 17:05:09,347] DEBUG
询资源堆 commons-logging.properties
04-03 17:05:09,350] DEBUG
询Resouce META-INF/services/org.apache.commons.logging.LogFactory
04-03 17:05:09,355] INFO
ynamic-Module : sotower_bss_isc_sync 变化为状态 : 启动中(事件)
```

图 7-4　LESENCE 更换后服务正常启动

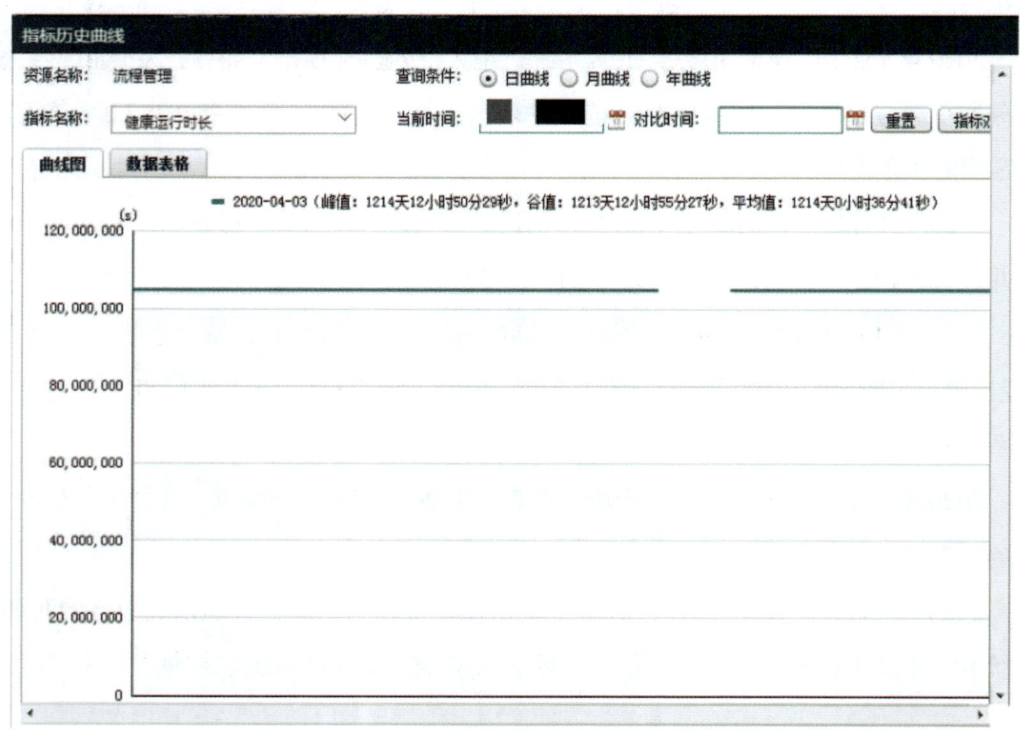

图 7-5　BPM 系统健康运行时长恢复截图

原因分析

BPM系统属国网统推二级部署系统，于2017年2月4日上线，目前系统有4台虚拟机，其中应用服务器2台，数据库服务器2台。数据库采用双机RAC部署模式。

（1）BPM系统基于SoTower平台开发，在系统上线运行后SoTower作为系统的组件支撑系统正常运行，如图7-6所示，此次是因SoTower的授权码过期导致流程管理系统主服务自动下线。

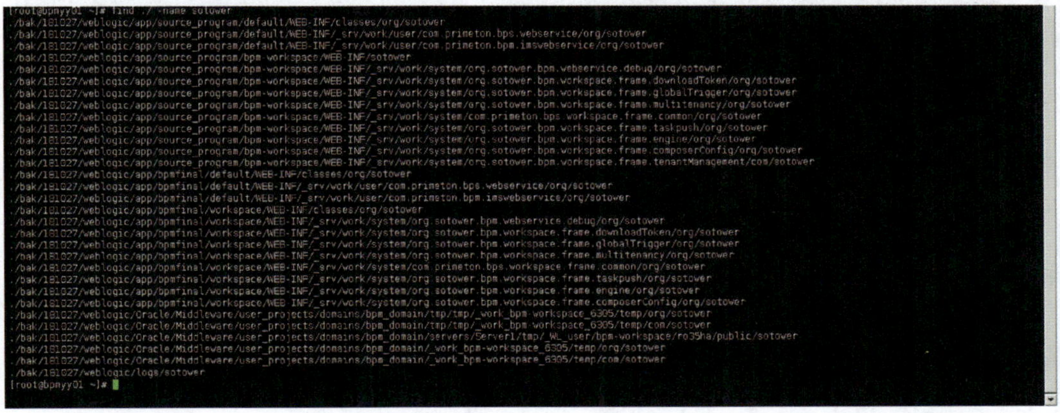

```
[root@bpmyy01 ~]# find ./ -name sotower
./bak/181027/weblogic/app/source_program/default/WEB-INF/classes/org/sotower
./bak/181027/weblogic/app/source_program/default/WEB-INF/_srv/work/user/com.primeton.bps.webservice/org/sotower
./bak/181027/weblogic/app/source_program/default/WEB-INF/_srv/work/user/com.primeton.bpm.imswebservice/org/sotower
./bak/181027/weblogic/app/source_program/bpm-workspace/WEB-INF/sotower
./bak/181027/weblogic/app/source_program/bpm-workspace/WEB-INF/_srv/work/system/org.sotower.bpm.webservice.debug/org/sotower
./bak/181027/weblogic/app/source_program/bpm-workspace/WEB-INF/_srv/work/system/org.sotower.bpm.workspace.frame.downloadToken/org/sotower
./bak/181027/weblogic/app/source_program/bpm-workspace/WEB-INF/_srv/work/system/org.sotower.bpm.workspace.frame.globalTrigger/org/sotower
./bak/181027/weblogic/app/source_program/bpm-workspace/WEB-INF/_srv/work/system/org.sotower.bpm.workspace.frame.multitenancy/org/sotower
./bak/181027/weblogic/app/source_program/bpm-workspace/WEB-INF/_srv/work/system/com.primeton.bps.workspace.frame.common/org/sotower
./bak/181027/weblogic/app/source_program/bpm-workspace/WEB-INF/_srv/work/system/org.sotower.bpm.workspace.frame.taskpush/org/sotower
./bak/181027/weblogic/app/source_program/bpm-workspace/WEB-INF/_srv/work/system/org.sotower.bpm.workspace.frame.engine/org/sotower
./bak/181027/weblogic/app/source_program/bpm-workspace/WEB-INF/_srv/work/system/org.sotower.bpm.workspace.frame.composerConfig/org/sotower
./bak/181027/weblogic/app/source_program/bpm-workspace/WEB-INF/_srv/work/system/org.sotower.bpm.workspace.frame.tenantManagement/com/sotower
./bak/181027/weblogic/app/bpmfinal/default/WEB-INF/classes/org/sotower
./bak/181027/weblogic/app/bpmfinal/default/WEB-INF/_srv/work/user/com.primeton.bps.webservice/org/sotower
./bak/181027/weblogic/app/bpmfinal/default/WEB-INF/_srv/work/user/com.primeton.bpm.imswebservice/org/sotower
./bak/181027/weblogic/app/bpmfinal/workspace/WEB-INF/classes/org/sotower
./bak/181027/weblogic/app/bpmfinal/workspace/WEB-INF/_srv/work/system/org.sotower.bpm.webservice.debug/org/sotower
./bak/181027/weblogic/app/bpmfinal/workspace/WEB-INF/_srv/work/system/org.sotower.bpm.workspace.frame.downloadToken/org/sotower
./bak/181027/weblogic/app/bpmfinal/workspace/WEB-INF/_srv/work/system/org.sotower.bpm.workspace.frame.globalTrigger/org/sotower
./bak/181027/weblogic/app/bpmfinal/workspace/WEB-INF/_srv/work/system/org.sotower.bpm.workspace.frame.multitenancy/org/sotower
./bak/181027/weblogic/app/bpmfinal/workspace/WEB-INF/_srv/work/system/com.primeton.bps.workspace.frame.common/org/sotower
./bak/181027/weblogic/app/bpmfinal/workspace/WEB-INF/_srv/work/system/org.sotower.bpm.workspace.frame.taskpush/org/sotower
./bak/181027/weblogic/app/bpmfinal/workspace/WEB-INF/_srv/work/system/org.sotower.bpm.workspace.frame.engine/org/sotower
./bak/181027/weblogic/app/bpmfinal/workspace/WEB-INF/_srv/work/system/org.sotower.bpm.workspace.frame.composerConfig/org/sotower
./bak/181027/weblogic/Oracle/Middleware/user_projects/domains/bpm_domain/tmp/tmp/_work_bpm-workspace_6305/temp/org/sotower
./bak/181027/weblogic/Oracle/Middleware/user_projects/domains/bpm_domain/tmp/tmp/_work_bpm-workspace_6305/temp/com/sotower
./bak/181027/weblogic/Oracle/Middleware/user_projects/domains/bpm_domain/servers/Server1/tmp/_WL_user/bpm-workspace/ro35ha/public/sotower
./bak/181027/weblogic/Oracle/Middleware/user_projects/domains/bpm_domain/_work_bpm-workspace_6305/temp/org/sotower
./bak/181027/weblogic/Oracle/Middleware/user_projects/domains/bpm_domain/_work_bpm-workspace_6305/temp/com/sotower
./bak/181027/weblogic/logs/sotower
[root@bpmyy01 ~]#
```

图7-6　BPM系统SoTower组件路径

（2）SoTower平台是电力软件的一个基础开发和运行平台，可以提供信息系统开发过程中所需的基础技术组件和业务组件以及软件开发环境，并在系统运行期间提供安全、稳定的资源架包支撑服务。

（3）BPM系统SoTower组件的LESENCE期限为3年，在2020年4月3日到期。自BPM系统2017年上线开始，为第一次到期。

（4）SoTower为BPM系统主服务运行提供必要的架包资源支持，BPM通过SoTower平台调用相对应的资源来保障主服务运行，在SoTower授权到期后系统无法通过SoTower正常调用相应服务资源导致了主服务下线，如图7-7所示。

（5）BPM系统主服务下线，导致了I6000系统监控中断，系统健康运行时长指标中断。同时使调用流程管理系统主服务来执行自身工单流转业务的I6000系统与PMS2.0系统无法正常发起工单流程。

```
        at org.sotower.bsp.permit.pep.ui.GetBspInfo.getBspInfo(GetBspInfo.java:18)
        at org.sotower.bsp.permit.pep.ui.SessionCreatingServlet.service(SessionCreatingServlet.java:283)
        at javax.servlet.http.HttpServlet.service(HttpServlet.java:820)
        at org.sotower.bsp.permit.pep.util.ServletToProxy.service(ServletToProxy.java:47)
        at javax.servlet.http.HttpServlet.service(HttpServlet.java:820)
        at org.sotower.dm.web.adaptor.ModuleServletAdaptor.service(ModuleServletAdaptor.java:119)
        at javax.servlet.http.HttpServlet.service(HttpServlet.java:820)
        at org.sotower.dm.httpservice.internal.ServletRegistration.doHandleRequest(ServletRegistration.java:169)
        at org.sotower.dm.httpservice.internal.AbstractRegistration.handleRequest(AbstractRegistration.java:58)
        at org.sotower.dm.httpservice.internal.ProxyServlet.processRequest(ProxyServlet.java:337)
        at org.sotower.dm.httpservice.internal.ProxyServlet.service(ProxyServlet.java:172)
        at javax.servlet.http.HttpServlet.service(HttpServlet.java:820)
        at org.sotower.dm.web.server.SoTowerModuleContextServlet.service(SoTowerModuleContextServlet.java:160)
        at javax.servlet.http.HttpServlet.service(HttpServlet.java:820)
        at weblogic.servlet.internal.StubSecurityHelper$ServletServiceAction.run(StubSecurityHelper.java:227)
        at weblogic.servlet.internal.StubSecurityHelper.invokeServlet(StubSecurityHelper.java:125)
        at weblogic.servlet.internal.ServletStubImpl.execute(ServletStubImpl.java:301)
        at weblogic.servlet.internal.ServletStubImpl.execute(ServletStubImpl.java:184)
        at weblogic.servlet.internal.RequestDispatcherImpl.invokeServlet(RequestDispatcherImpl.java:526)
        at weblogic.servlet.internal.RequestDispatcherImpl.forward(RequestDispatcherImpl.java:253)
        at weblogic.servlet.internal.ServletResponseImpl.sendError(ServletResponseImpl.java:731)
        at weblogic.servlet.internal.ServletResponseImpl.sendError(ServletResponseImpl.java:602)
        at weblogic.servlet.internal.ErrorManager.handleException(ErrorManager.java:195)
        at weblogic.servlet.internal.WebAppServletContext.handleThrowableFromInvocation(WebAppServletContext.java:2354)
        at weblogic.servlet.internal.WebAppServletContext.execute(WebAppServletContext.java:2196)
        at weblogic.servlet.internal.ServletRequestImpl.run(ServletRequestImpl.java:1491)
        at weblogic.work.ExecuteThread.execute(ExecuteThread.java:263)
        at weblogic.work.ExecuteThread.run(ExecuteThread.java:221)
[2020-04-03 14:09:36,250] ERROR
    请求资源: /bpm-workspace/workflow/wfmanager/query/procInst_result.jsp执行出错
org.apache.jasper.JasperException: Exception in JSP: /workflow/wfmanager/query/procInst_result.jsp:260

257:                 <h:hiddendata property="queryCondition" />
258:                 <h:hidden property="isIncludeSubCatalog" />
259:                 <h:hidden property="catalogUUID" />
260:         </l:present>
261:                 <table border="0" cellpadding="1" cellspacing="0" class="workarea" width="100%">
262:                         <tr>
263:                                 <td nowrap="nowrap" class="EOS_panel_head">
```

图 7-7　BPM 主服务请求 SoTower 资源出错截图

整改措施

加强系统巡检。开展系统深度巡检工作对于存在使用授权的系统进行深度检查，排除再次发生因授权过期导致的系统故障发生，同时定期检查授权码使用周期。

升级版本存在缺陷导致业务系统监控异常

故障现象

2022年4月19日12时40分，某公司接总部调度电话通知ERP系统监控指标异常。

故障处理

2022年4月19日12时40分，信息调度接总部调度电话，通知ERP系统指标从2022年4月19日12时20分开始中断，经查看本地I6000系统气泡图正常，随即通知相关运维人员进行排查。

2022年4月19日12时43分，运维人员进行排查，发现ERP系统健康运行时长、在线用户数、日登录人数、页面响应代码等指标中断。

2022年4月19日12时45分，运维人员发现告警程序（fLink）I6000系统告警JOB任务消失，2022年4月19日12时19分开始产生报错日志。

2022年4月19日12时48分，运维人员完成告警程序（fLink）上的I6000系统告警JOB任务重启，2022年4月19日12时49分，告警功能恢复正常，本地ERP开始产生告警。

2022年4月19日12时52分，运维人员发现ERP采集任务状态正常，但采集任务未执行，从2022年4月19日12时19分之后不打印采集日志。

2022年4月19日12时54分，运维人员执行ERP采集任务重启操作，采集任务恢复取数，2022年4月19日12时55分ERP指标恢复正常。

2022年4月19日13时，调度验证确认ERP系统告警恢复正常。

原因分析

ERP系统使用4台应用服务器(其中2台为RHCS群集SAP应用，2台独立SAP应用)、3台数据库服务器(其中3台为RAC集群)。

I6000系统属于统推二级部署系统包括14个工作模块，15个服务组件，39个微应用。目前生产环境的服务器共计48台，其中2台PC服务器部署Oracle数据库、10台服务器用于K8S集群、3台服务器部署MongoDB集群、2台服务器部署my891集群、31台虚拟机部署采集应用和后台支撑等。

经分析，在2022年4月16日总部统一下达的检修计划中，系统版本由V2.0.24升级到V2.0.25,厂商确认新版本业务系统采集服务存在缺陷，当调度节点切换或网络闪断异常发生时，对业务系统采集任务在短时间内会顺序向任务操作队列中添加停止或启动任务的多项操作指令，这些停止或启动任务的指令需遵循严格的先后顺序执行，但新版本的采集程序对操作指令的执行顺序未做限制，存在业务系统停止、启动任务执行先后顺序错误，与预期指令执行顺序不符的小概率事件(正常是先在A节点执行业务系统采集任务停止，然后再到B节点启动，即一个业务系统采集任务同时只允许在一个采集节点上执行)。

为保障业务系统采集的稳定性，业务系统采集节点共部署3个。

故障发生前ERP系统采集任务在node2上运行，根据业务系统采集服务自动切换的机制，2022年4月16日12时19分，ERP系统采集任务切换至node1上运行，在切换过程中，触发了新版本业务系统采集服务缺陷，ERP采集任务在node2上未执行停止指令，但在node1上成功执行启动指令(正常应该是先在node2停止ERP采集任务，然后在node1上启动ERP采集任务)，采集任务12点19分同时在node1和node2上运行，根据采集服务的任务检查机制，nodel和node2均认为对方接管了ERP采集任务而不再执行本节点上的取数任务，造成ERP系统指标中断。

每个业务系统的采集任务均为独立配置，运行时互不影响，只有ERP采集任务在切换采集节点时，触发了业务系统采集服务缺陷小概率事件，所以只有ERP系统指标中断，其他系统采集正常。

整改措施

（1）开展检修回退。通过总部统一下达临时检修计划，将业务系统系统采集插件的版本进行回退，以保障发生网络等异常时不发生调度的错误。

（2）优化程序升级包。完善升级包，修复同一任务多项操作指令的按序开展的机制，保障调度结果与预期相符，在研发进行充分验证测试后，下一个版本进行发布。

案例 7

系统配置缺陷导致业务系统监控异常

故障现象

2020年3月30日08时45分，信息调度通过I6000系统监控到通信管理系统可以正常访问，但在线用户数监控指标异常告警。

故障处理

2020年3月30日08时45分，信息调度通过I6000系统综合监控视图监控到通信管理系统在线用户数指标异常告警，系统健康运行时长、日登录人数均正常、主页探测视图正常，通信管理系统能正常使用，立即联系相关运维人员进行处理。

2020年3月30日08时55分，信息调度向总部调度上报申请系统紧急抢修。

2020年3月30日10点30分运维人员到达现场。通过查看系统各服务器运行与服务状态。初步对异常告警原因进行排查，确认访问通信管理系统登录地址，页面可正常访问并登录。但指标分析中在线用户数数据显示异常。判断为指标分析组件异常。通过运维安全审计系统登录应用服务器发现指标分析组件Weblogic控制台线程池异常报错。

2020年3月30日10时38分，运维人员对指标分析组件服务重启后。指标分析组件显示正常启动无报错告警。通信管理系统内指标分析在线用户数指标恢复正常显示，如图7-8所示。

2020年3月30日10时50分，通信管理系统各服务运行平稳，指标数据正常，调度值班人员向总部调度上报紧抢结束，通信管理系统指标异常告警排除。

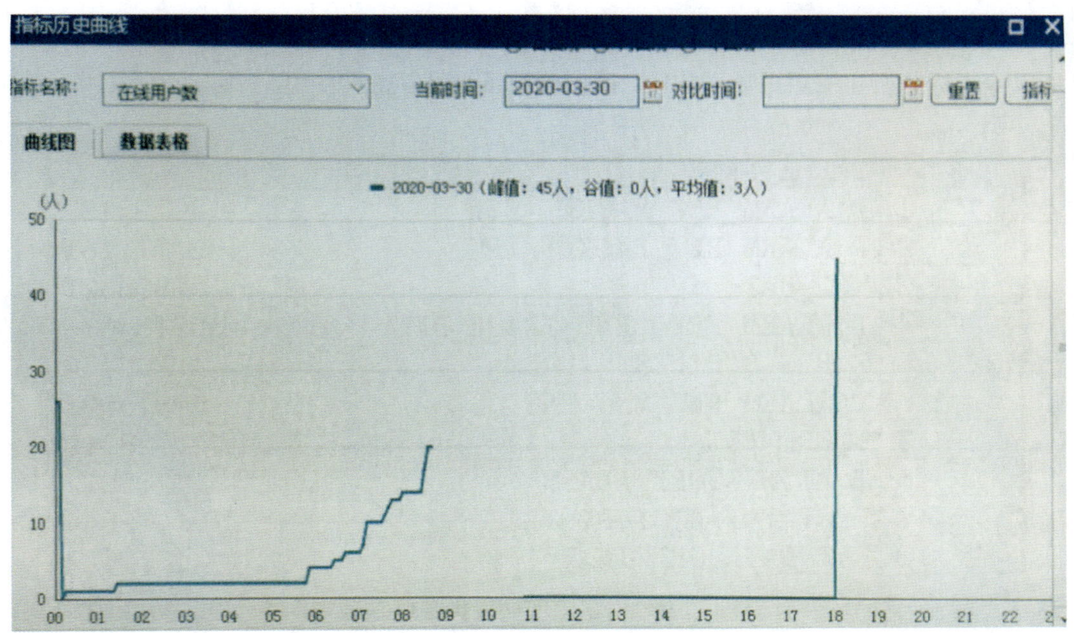

图 7-8　指标恢复正常的截图

原因分析

通信管理系统按照采用“两级部署，三级应用”模式，在总部（分部）、省两级进行部署，在总部（分部）、省、地市三级进行应用。各层级系统之间通过信息VPN进行互联。同层级系统的物理架构采用双机双网方式进行配置。系统内硬件配置按网段划分为数据采集、数据存储、应用服务、人机交互4类。前端采用F5负载均衡设备采用最小连接数机制进行业务请求分发，后端采用同一数据库集群作为数据源。本次涉及通信管理系统逻辑拓扑图。

指标分析是通信管理系统内组件功能之一，并为单独组件部署。指标分析通过接口向通信管理系统提供服务。该问题是由于处理请求超时所引起。在每月月末、月初时大量用户将在通信管理系统查询并导出各类报表。告警信息报表类数据来源如图7–9所示。最大数据量为4979万条此数据为告警信息报表类数据来源。由于数据量较大，数据导出时数据库将满负荷运行。数据库满负荷运行时面对其他各类请求响应较慢。

指标分析将系统健康时长，是否可访问，日访问人数，在线用户数数据分别进行查询，然后拼接成报文通过接口向I6000系统监控系统提交，提交间隔为5min/次。指标分析内在线用户数异常不会对通信管理系统正常使用产生影响。通信管理系统只有用户进行操作时向数据库进行访问，并不会发生大量进程未得到回应从而导致挂起，所以除指标分析在线用户数异常外，通信管理系统可以正常使用。

	TABLE_NAME	NUM_ROWS
1	T_ALARM_REC_PACKET_SYN	49793169
2	T_ALARM_REC_PACKET_INC	21777161
3	KPI_DATA	3586921
4	T_ALARM_FREQUENT_TRACE_DEL	2164370
5	T_HIS_BUSINESS_ALARM	1868176
6	T_ALARM_REC_MSG_INC	1818033
7	T_ERP_WBS	1628719
8	T_RT_HISTORY_ALARM	1209812
9	T_STATUS_HISTORY_TRA	1182544
10	RPT_DATA_ORIGINAL	1078624

图 7-9　告警信息报表类数据来源

指标分析组件中间件配置的处理时间（Stuck Thread Max Time参数）是600s，在数据库负荷较大时大量查询处理超过了600s造成线程挂起，并持续发送处理请求不释放。

系统反复提交在线人数查询请求导致线程阻塞无数据返回。通过日志排查系统在2020年3月30日08时45分后因为在线用户数查询超时，其他查询线程正常结束，取得监控指标正常。所以在2020年3月30日08时45分向I6000系统监控中提交的监控数据中，系统健康时长，是否可访问，日访问人数指标正常，只有在线人数指标为空值。指标分析组件日志如图7-10所示。

图 7-10　指标分析组件日志

通过重启指标分析组件，释放超时线程，通信管理系统内指标分析在线用户数恢复正常显示。

整改措施

（1）优化系统配置参数。修改StuckThreadMaxTime参数，将默认的600s改成1200s。修改参数后线程将延长等待响应时间，数据库反应较慢时可以有效避免超时导致线程阻塞，修改Weblogic:config.xml:DWeblogic.threadpool.MaxPoolSize参数增大线程数，增加线程数后可以有效缓解线程阻塞问题，持续优化数据库性能，避免数据库响应较慢造成线程超时阻塞。

（2）加强系统巡检。通过增大巡检频率和范围，定期对各项参数进行评估，增加监控和告警工具，进行快速故障定位与处理。

案例 8

K8S 基础环境微服务重启导致 I6000 系统监测页面无法加载

故障现象

2021年11月14日11时37分，I6000系统资源监测微应用模块中应用系统监测页面无法正常加载。

2021年11月14日14时25分，总部I6000系统监控中，某地所有业务系统红灯告警。

故障处理

2021年11月14日11时37分，信息调度发现I6000系统资源监测微应用模块中应用系统监测页面无法正常加载，立即电话通知运维人员开展处置。

2021年11月14日11时38分，运维人员登录后台服务器，检查发现平台K8S基础环境中monitor-public-ms微服务有重启现象。

2021年11月14日11时43分，服务自动重启完成后，系统恢复正常。

2021年11月14日14时25分，总部I6000系统监控中，某地所有业务系统全部中断，调度通知运维人员立即排查处理。

2021年11月14日14时26分，运维人员登录I6000系统，发现本地监控正常，检查任务调度中心任务调度情况，发现ID为43的业务系统历史级联任务出现卡顿现象，导致本地业务系统数据不能及时传输到总部。

2021年11月14日14时31分，级联任务恢复正常，总部I6000系统监控中某地所有业务系统状态恢复正常。

2021年11月14日14时32分，接到I6000系统项目组电话系统已经恢复正常，信息调度进行验证系统正常。

原因分析

I6000系统共43台服务器，41台应用虚拟机，2台数据库物理机，采用集群环境部署。

2021年11月14日11时37分，信息调度值班员发现I6000系统资源监测微应用模块中应用系统监测页面无法正常加载。经过运维人员紧急排查，发现平台K8S基础环境中monitor-public-ms微服务出现重启现象，从而引发依赖该服务的资源监测微应用出现异常，导致应用系统监测页面短时间无法正常加载。

故障解决之后，联系技术人员排查原因是监测页面无法访问monitor-public-ms容器重启造成的，容器重启时报错。

根据pod的describe内容中退出码137判断，出问题时pod中容器内存溢出，进而引发kill信号，导致pod重启，造成依赖该pod服务的资源监测微应用相关页面无法正常打开。

本地级联服务卡顿异常是由于部分连接池空闲时间过长，被网络或者安全设备中断掉，又由于操作系统的keepalive机制导致中断十多分钟之后才被连接池发现，兼业务系统级联任务的阻塞策略为单机串行，在上一周期活动未处理完的情况下，会一直等待，多方原因共同触发导致。

整改措施

为提高系统稳定性，避免类似问题再次发生，提出以下整改措施：

（1）调整资源配置。在现有资源基础上临时调增该微服务内存限制到5GB，申请扩大K8S环境所在服务器内存资源。

（2）优化参数配置。优化连接池参数设置，设置monitor-public-ms微服务的validationQueryTimeout参数，及时抛出超时异常，不影响下一阶段任务执行。

案例 9

数据接口同步失败导致业务系统监控异常

故障现象

2022年1月5日18时30分，I6000系统资源监测微应用模块中应用系统监测页面加载缓慢，I6000系统监控中业务系统产生探测指标中断告警，同时总部监控系统异常。

故障处理

2022年1月5日18时30分，信息调度发现I6000系统资源监测微应用模块中应用系统监测页面加载缓慢且加载后所有系统监控异常，立即电话通知运维人员开展处置。

2022年1月5日18时35分，运维人员登录I6000系统，打开工具仓库组件，查看资源监测微应用服务日志，未发现报错，登录后台服务器，检查K8S基础环境中对资源监测微应用提供后台支撑的monitor-public-ms微服务，发现该服务运行正常，日志中无报错，检查业务系统采集任务后台采集日志、入库日志，发现业务系统探测返回指标值正常，入库打印日志正常无报错，登录mongodb数据库检查入库指标是否正常，发现数据库表中业务系统探测指标的area_code字段为空，如图7-11所示，同时发现I6000系统采集控制组件，采集任务页面组织视角下只能看到采集任务。

2022年1月5日18时38分，考虑到故障发生之前进行过用户授权、权限同步的操作（由于I6000系统与统一权限系统集成，用户授权操作是在统一权限系统中完成，然后通过调用接口的方法将统一权限中的数据同步到I6000系统数据库中），初步判断应该是权限同步过程中造成了部分数丢失。

2022年1月5日18时40分，打开调用统一权限数据同步接口页面，点击同步按钮，重新同步权限数据如图7-12所示。

_id	CI_ID	CI_TYPE	BG_ID	BC_ID	DATA_AT	UPDATED_AT	AREA_CODE	CI_METRIC
61d5732d63406a406ede4	BF182154-FF37-4E8E-B821	APP	17	ff8080814b2e7efa014	20220105183000	20220105183005	ff8080814b2e7efa014e095e046b10ee	(Document) 7 Fields
61d5732d63406a406ede4	4355F320-C781-4AA0-AB1I	APP	17	ff8080814b2e7efa014	20220105183000	20220105183005	ff8080814b2e7efa014e095e046b10ee	(Document) 14 Fields
61d5732c8f708f908848efl	FB071728-FC63-4A10-826C	APP	17	ff8080814b2e7efa014	20220105183000	20220105183004	ff8080814b2e7efa014e095e046b10ee	(Document) 7 Fields
61d5732d63406a406ede4	8f4edb23-d31d-490a-968c	APP	17	ff8080814b2e7efa014	20220105183000	20220105183005	(Null)	(Document) 3 Fields
61d5732d8f708f908848ef	8f4edb23-d31d-490a-968c	APP	17	ff8080814b2e7efa014	20220105183000	20220105183005	ff8080814b2e7efa014e095e046b10ee	(Document) 7 Fields
61d5732d63406a406ede4	3B5A2F1D-BD8C-4267-BB4	APP	17	ff8080814b2e7efa014	20220105183000	20220105183005	(Null)	(Document) 3 Fields
61d5732d63406a406ede4	833F4E72-4057-4FF8-8F99-	APP	17	ff8080814b2e7efa014	20220105183000	20220105183005	(Null)	(Document) 3 Fields
61d5732d63406a406ede4	7298F3D8-BCBB-4543-A8C	APP	17	ff8080814b2e7efa014	20220105183000	20220105183005	(Null)	(Document) 3 Fields
61d5732ee486de9e73bcf	C627DE2F-DF06-4288-8BE	APP	17	ff8080814b2e7efa014	20220105183000	20220105183006	(Null)	(Document) 3 Fields
61d5732ee486de9e73bcf	B5F5EE11-A53A-4C7D-A85	APP	17	ff8080814b2e7efa014	20220105183000	20220105183006	(Null)	(Document) 3 Fields
61d5732ee486de9e73bcf	C9A42F04-C19D-4D56-80C	APP	17	ff8080814b2e7efa014	20220105183000	20220105183006	(Null)	(Document) 3 Fields
61d5732d8f708f908848ef	FDC884EF-C054-43D3-8D8	APP	17	ff8080814b2e7efa014	20220105183000	20220105183005	(Null)	(Document) 3 Fields
61d5732ee486de9e73bcf	70B498BE-3923-4B7E-92D	APP	17	ff8080814b2e7efa014	20220105183000	20220105183006	(Null)	(Document) 3 Fields
61d5732ee486de9e73bcf	9C2FDD37-663A-481C-B5E	APP	17	ff8080814b2e7efa014	20220105183000	20220105183006	(Null)	(Document) 3 Fields
61d5732ee486de9e73bcf	94EE715B-EF1C-499D-881I	APP	17	ff8080814b2e7efa014	20220105183000	20220105183006	(Null)	(Document) 3 Fields
61d5732d8f708f908848ef	E368F74C-D359-4740-8A6I	APP	17	ff8080814b2e7efa014	20220105183000	20220105183005	(Null)	(Document) 3 Fields
61d5732d8f708f908848ef	A5538962-DC2E-4CA1-995	APP	17	ff8080814b2e7efa014	20220105183000	20220105183005	(Null)	(Document) 3 Fields
61d5732d8f708f908848ef	CD8BF8D1-8B7D-4C87-84(	APP	17	ff8080814b2e7efa014	20220105183000	20220105183005	(Null)	(Document) 3 Fields
61d5732d8f708f908848ef	149CBBBD-7628-4A89-B9S	APP	17	ff8080814b2e7efa014	20220105183000	20220105183005	(Null)	(Document) 3 Fields
61d5732d8f708f908848ef	67BE0333-5A6D-42D0-B72	APP	17	ff8080814b2e7efa014	20220105183000	20220105183005	(Null)	(Document) 3 Fields
61d5732d8f708f908848ef	EDD1E52A-7648-43D9-ABF	APP	17	ff8080814b2e7efa014	20220105183000	20220105183005	(Null)	(Document) 3 Fields
61d5732ee486de9e73bcf	28E7749C-50E8-489F-8EB2	APP	17	ff8080814b2e7efa014	20220105183000	20220105183006	(Null)	(Document) 3 Fields
61d5732ee486de9e73bcf	A8E850AA-BA78-4BE7-846	APP	17	ff8080814b2e7efa014	20220105183000	20220105183006	(Null)	(Document) 3 Fields
61d5732ee486de9e73bcf	833F4E72-4057-4FF8-8F99-	APP	17	ff8080814b2e7efa014	20220105183000	20220105183006	ff8080814b2e7efa014e095e046b10ee	(Document) 7 Fields
61d5732d8f708f908848ef	FDC884EF-C054-43D3-8D8	APP	17	ff8080814b2e7efa014	20220105183000	20220105183005	ff8080814b2e7efa014e095e046b10ee	(Document) 7 Fields
61d5732d63406a406ede4	149CBBBD-7628-4A89-B9S	APP	17	ff8080814b2e7efa014	20220105183000	20220105183005	ff8080814b2e7efa014e095e046b10ee	(Document) 7 Fields

图 7-11　业务系统探测指标的 area_code 字段为空

图 7-12　同步权限数据

2022年1月5日18时50分，数据同步完成，系统故障恢复。

原因分析

I6000系统共46台服务器，38台应用虚拟机，8台数据库物理机，采用集群环境部署。

2022年1月5日18时30分，信息调度值班员发现I6000系统资源监测微应用模块中应用系统监测页面加载缓慢且加载后所有系统监控异常，立即电话通知运维人员进行排查处理。

经过紧急排查，发现I6000系统Oracle数据库中，组织单位表中省公司单位ID（bc_id）字段丢失，导致业务系统探测指标入库时area_code字段为空，从而引发监控异常。

此次故障发生根本原因是I6000系统与统一权限数据同步接口存在BUG，该BUG会造成权限数据同步过程中，偶发数据字段丢失问题。该接口于2021年12月18日检修中进行了升级，升级后进行了20余次权限同步操作，均未影响到业务系统监控。

此次丢失的信息为“单位ID”，该信息是业务系统监控接口取数的关键配置信息，ID丢失后，监控数据标入库时地域编码（area_code）字段为空，造成监测页面调用数据时无法判断数据信息，从而出现本地及总部监测页面展示异常。

整改措施

（1）督促研发优化I6000系统数据同步接口。I6000系统调用统一权限接口进行数据同步的逻辑是，先清空I6000数据中待同步表原有数据，然后将通过接口获取到的统一权限对应表中相应数据插入I6000系统数据库中。向研发单位提出对I6000系统数据同步接口进行优化，在进行同步过程中打印详细同步日志，更改数据同步逻辑，同步时添加判断条件，对组织ID等固定值不进行清空和更新，对用户权限等变化值进行增量更新，而不是清空数据库中相关表原有数据后进行全量更新。

（2）调整配置变更策略。在数据同步接口BUG修复之前，尽量减少数据同步操作。当涉及用户权限变更的需求时，在数据库手工进行数据信息维护，禁止通过系统程序进行自动同步。

案例 10

统一权限配置信息不全导致业务系统监测异常

故障现象

2022年1月8日09时45分，信息调度通过性能监测发现统新一代电力交易、新一代电费结算两套系统性能不可用告警，后台日志提示访问失败。

故障处理

2022年1月8日09时45分，信息调度通过性能监测系发现统新一代电力交易和新一代电费结算系统性能不可用告警。

2022年1月8日09时47分，信息调度通知新一代电力交易和新一代电费结算系统运维人员系统异常，要求立即开展故障处置工作。

2022年1月8日09时55分，信息调度将系统无法访问情况反馈总部信息调度。

2022年1月8日10时00分，新一代电力交易和新一代电费结算系统运维人员反馈系统应用日志提示无法获取统一权限认证信息，初步判定为统一权限导致。

2022年1月8日10时02分，信息调度要求统一权限检修人员停止当日检修操作，进行回退。此时，检修操作人员已完成统一权限上云测试工作，负载中的节点恢复为云下应用节点。

2022年1月8日10时05分，统一权限集成IP增加新一代电力交易、新一代电费结算系统负载IP后监控恢复正常。经验证系统业务恢复正常。

原因分析

2022年1月8日09时00分至2022年1月8日21时00分，运维人员按检修计划开展统一权限迁移上云测试工作，检修过程中将负载中统一权限的认证节点切换至华为云上应用节点，测试其功能可用性。本次检修过程中，除新一代电力交易和新一代电费结算两套试运行系统外，其他经统一权限认证系统未发生异常。为进一步分析故障原因，统一权限运维人员直接访问性能监测中配置的新一代电力交易和新一代电费结算系统地址，统一权限出现“未注册地址”提示框，无法通过认证登录系统。

判定原因为新一代电力交易、新一代电费结算两套信息在统一权限中配置IP注册信息不全导致监控异常。

传统架构下新一代电力交易、新一代电费结算系统与统一权限历史集成过程中配置过负载地址信息，写入过云下Redis缓存，因业务系统访问过程先访问Redis服务器，能找到新一代电力交易、新一代电费结算系统负载IP地址则不去数据库查询更新的数据库，因此可以通过统一权限认证。

本次检修中，统一权限启用的云上Redis服务，首次运行，加载数据库实时数据，只校验到单节点地址而无负载地址，所以出现安全拦截—“未注册地址”提示框，性能监测程序无法进行账号密码输入登录系统。

整改措施

（1）强化试运行系统接入统一权限集成IP管控，制作统一权限集成IP变更申请表，经I6000系统及性能监测核实并签字后进行统一权限集成IP调整。

（2）梳理统一权限全量系统注册IP地址，核实其准确性和全面性，避免同类问题再发生。

案例 11

SSO 认证服务缺陷导致业务系统监测异常

故障现象

2020年12月25日00时04分，统一权限（二级）、设备（资产）运维精益管理、全国统一电力市场技术支持、营销稽查、营销基础数据平台、配电网标准化、通信管理、电网运检智能分析决策系统、四表合一抄收采集系统、数字国网（二期）、输变电设备状态监测11个业务系统性能监测告警。

故障处理

2020年12月25日00时04分，信息调度值班员发现统一权限（二级）、设备（资产）运维精益管理、全国统一电力市场技术支持、营销稽查、营销基础数据平台、配电网标准化、通信管理、电网运检智能分析决策系统、四表合一抄收采集系统、数字国网（二期）、输变电设备状态监测系统性能监测出现告警，通知相关运维人员赶赴现场排查问题。

运维人员于2020年12月25日00时36分到达现场，排查发现，业务系统访问页面报“未注册地址或非法请求地址”错误。

根据告警现象，判断故障问题可能出现在SSO认证服务功能上，该功能是对系统访问地址进行验证，验证不通过会阻断系统认证并出现上述错误信息。

由于开启拦截功能的模块是SSO，SSO数据获取跟Redis服务有关，判断可能是统一权限SSO和Redis服务（提供消息服务）引起的故障。

2020年12月25日00时55分，初步定位故障点后，按照统一权限系统现场处置方案开展处置工作。

2020年12月25日01时15分，分别登录到Redis集群服务器查看日志信息，无报错信息，但是发现Redis主服务上配置了清理缓存的定时任务。

2020年12月25日01时23分，分别登录到统一权限SSO集群服务器查看服务器状况及系统日志。发现统一权限SSO节点后台日志报未注册地址或非法请求地址的错误，错误日志显示的业务系统地址包含了此次性能监测告警的11套业务系统，其他两个SSO节点无报错信息，相关报错如图7-13所示。

2020年12月25日01时34分，分析日志发现由于系统日志只显示未注册地址或非法请求地址的错误日志，没有其他服务告警日志，运维人员判断为Redis集群未返回数据。

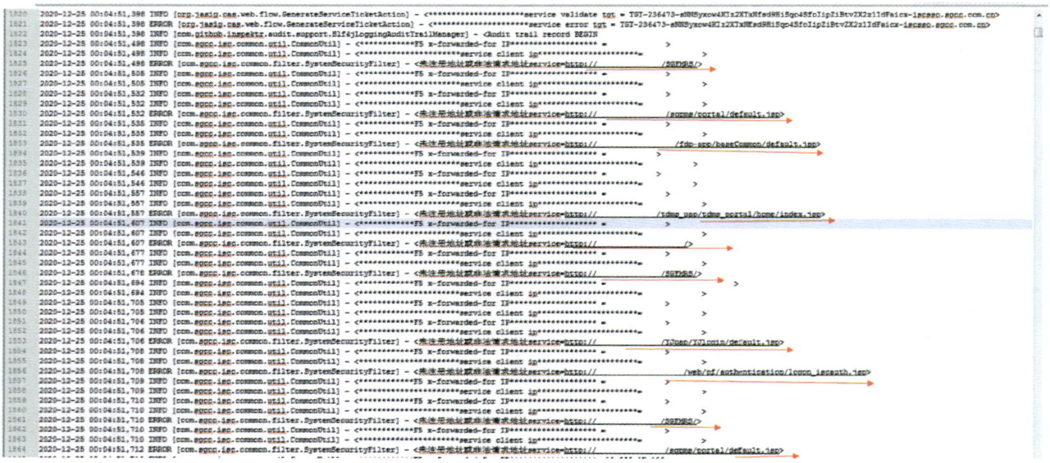

图7-13　统一权限SSO节点后台日志报未注册地址或非法请求地址的错误

2020年12月25日01时36分，对Redis服务进行重启。

2020年12月25日01时50分，又对SSO集群进行重启，使得Redis集群重新建立与SSO集群建立连接。

2020年12月25日02时04分，Redis集群与SSO集群重启完毕后，未再出现非法请求地址错误日志，11套系统认证恢复正常，随后性能监测系统告警消除。

原因分析

统一权限系统共23台服务器，其中21台为华为云虚拟机，2台数据库物理机，采用集群环境部署。

某公司于2020年12月19~21日开展了去目录检修操作，启用了新的统一权限SSO认证机制，该机制会将访问地址与权限系统中的配置地址信息进行信息比对，不匹配的地址信息将会被认定为非法地址拒绝访问。

SSO认证的实现过程是SSO服务是优先从Redis服务缓存中获取的配置地址数据，若缓存中没有信息就进一步读取数据库表中的数据信息。

某公司的SSO服务是由3个节点组成集群服务，通过负载均衡设备随机进行服务请求分发，3个SSO节点独立应用，分别向Redis服务读取相应数据信息。

故障排查时发现，由于3个节点的SSO进程均运行正常没有报错，因此负载均衡设备仍然正常向3节点发送服务请求。同时由于Redis服务器上开启了每天凌晨00时00分定时清理Redis缓存的任务，因此理论上SSO集群服务在确认缓存中没有数据后应自动读取数据库表中的数据。但实际3个节点中的 *.*.*.* 节点并未从Redis服务或数据库中获取到数据，本次告警的11套业务系统发送的请求即被分发到该异常节点。

系统程序在SSO服务没有正常获取数据的情况下，并没有设定阻断、请求报错、跳过等应对机制，也没有更明晰的告警信息，11套系统在SSO服务没有获取配置地址信息后被认定为非法访问地址，认证被程序阻断。

故障处置后，对系统相关数据库及环境配置信息进行排查，没有配置变更或异常运行数据，推断故障原因应为系统程序自身缺陷造成。

但由于程序自身没有明晰的报错日志，相关软硬件平台日志及监控均未发现异常数据，无法支撑更深入的故障分析，且在后期故障分析时多次进行缓存清理等操作测试，均未再次出现类似故障，无法确定程序BUG触发因素。

整改措施

为提高系统稳定性，避免类似问题再次发生，提出以下整改措施：

（1）开展统一权限SSO系统架构改造，对SSO获取Redis缓存机制进行优化消缺，取消Redis定时清理缓存的定时任务并加强统一权限系统巡检。

（2）将统一权限重要的SSO模块、Redis服务、接口服务进行常态化监控，能提前发现问题并及时解决。

案例 12

访问权限中间件配置问题导致业务系统监控异常

故障现象

2020年06月22日17时25分，信息调度发现统一分析服务组件系统I6000系统探测指标异常，故障期间系统无法正常访问。

故障处理

2020年6月22日17时25分，信息调度发现统一分析服务组件系统I6000系统探测指标异常。

2020年6月22日17时27分，信息调度电话通知系统运维人员处理排查故障，并立即启动“统一分析服务组件系统应急预案及快速恢复方案”。

2020年6月22日17时35分，查看2台应用服务的3个中间件日志，排查问题原因。

2020年6月22日17时43分，总部调度电话询问信息调度统一分析服务组件系统是否可访问并要求反馈结果。

2020年6月22日17时51分，某调度向总部调度汇报统一分析服务组件系统无法访问，故障正在处理排查中。

2020年6月22日17时55分，经排查为提供应用页面访问权限服务的中间件发生故障，判断原因是tomcat线程数被占满，Java内存溢出，导致两台应用服务都无法探测，因此I6000系统URL探测中断。

2020年6月22日18时05分，保存后台日志信息，释放Java内存，释放服务器缓存。重启提供应用页面访问权限服务的中间件，系统恢复正常。

2020年6月22日18时10分，某调度监控发现统一分析服务组件系统I6000系统监控指标恢复正常。

2020年6月22日18时26分，某调度向总部调度上报统一分析服务组件系统监控正常，指标恢复。

原因分析

统一分析服务组件生产环境共计使用6台物理机，分别为2台应用节点，4台计算节点，系统架构拓扑图如下图所示。其中，应用服务器采用双机部署模式，4台计算节点。系统拓扑、网络拓扑、部署架构分别如图7-14~图7-16所示。

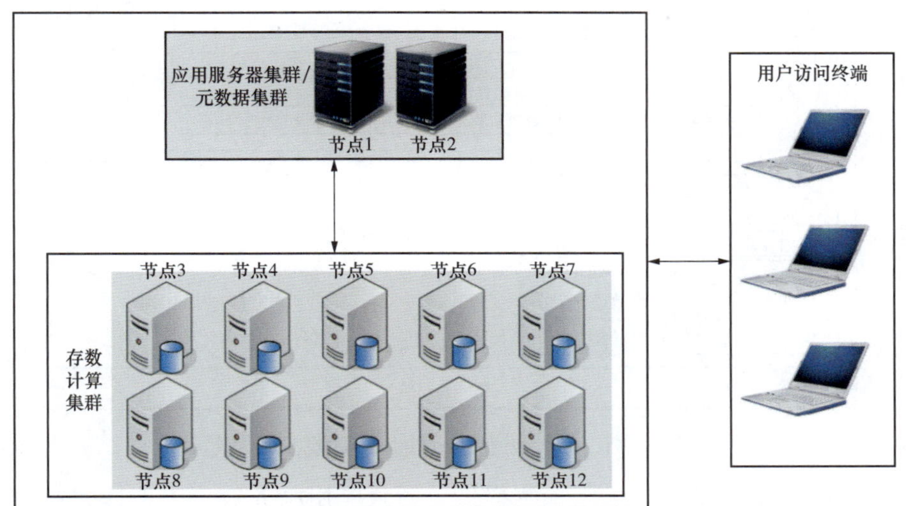

图7-14 统一分析服务组件系统系统拓扑

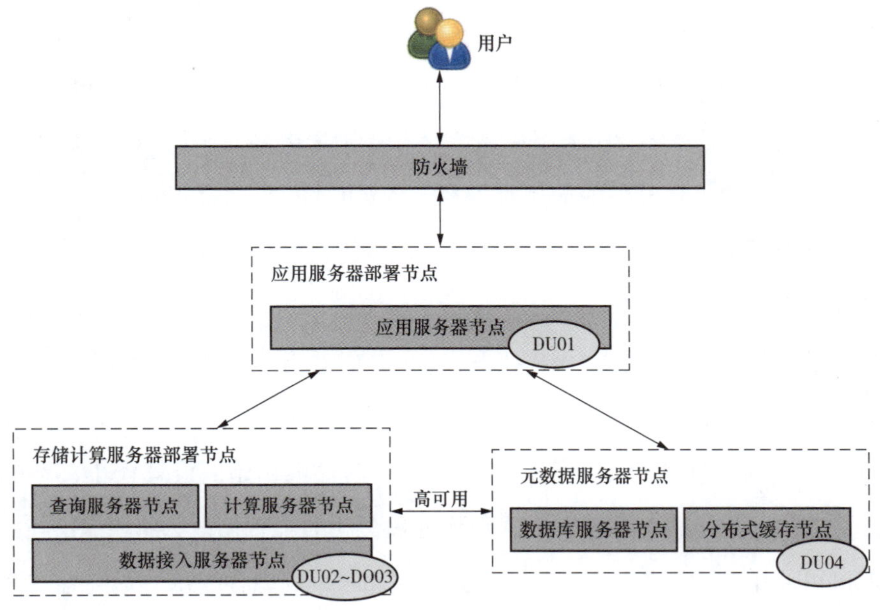

图7-15 统一分析服务组件系统网络拓扑

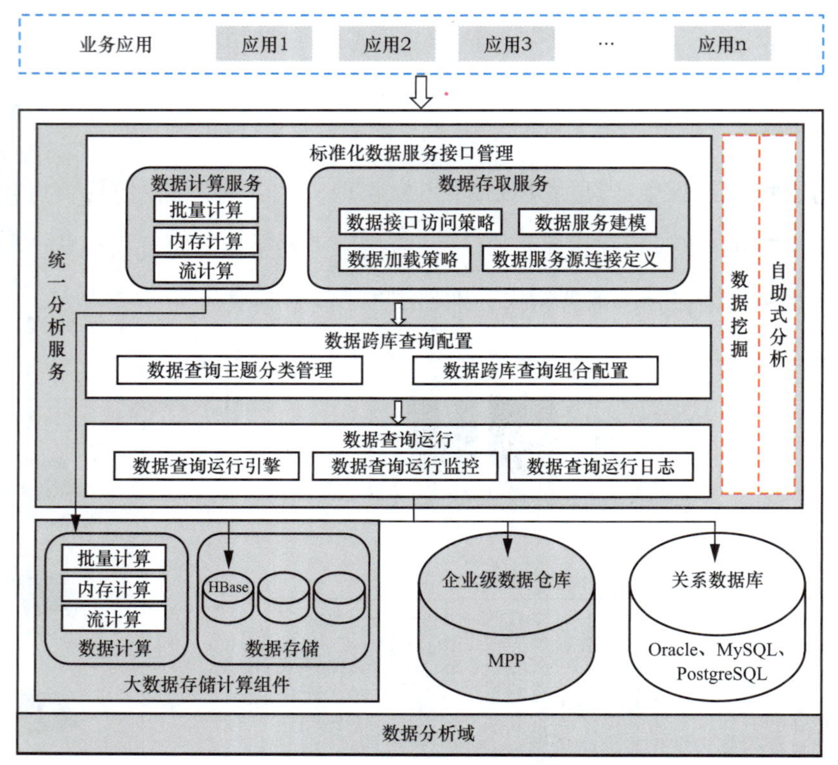

图 7-16　统一分析服务组件系统部署架构

统一分析服务组件系统 URL 探测提供了两台应用服务器，IP 地址为：*.*.*.* 和 *.*.*.*，其中 *.*.*.* 上部署 1 个应用中间件，*.*.*.* 上部署 1 个应用中间件及 1 个访问权限中间件（UAP-Tomcat）。

故障发生时，*.*.*.* 服务器中的 UAP-Tomcat 发生故障（ *.*.*.* 中的应用中间件运行状态正常），由于统一分析服务组件系统是基于国家电网有限公司 SG-UAP 平台研发的，而基于 SG-UAP 平台开发的应用都需要先保证 UAP-Tomcat 正常运行，否则会出现应用页面无法打开的情况；另外 UAP-Tomcat 可以进行双机部署，采用统一下发的实施部署文件和方案进行统一部署。

经过认真排查发现是提供 UAP-Tomcat 的内存溢出 (java.lang.OutOfMemoryError: Unable to create new native thread)，分析内存溢出原因是 UAP-Tomcat 配置文件 catalina.sh 虚拟机可使用的内存堆初始大小设置有关，由于内存堆初始值设置较小，不能满足线程运行，造成内存溢出，与系统开发人员沟通后分析后配置修改为 4096MB。

虚拟机可使用的内存堆设置较小导致 UAP-Tomcat 的内存溢出，最终导致两台应用服务都无法探测，因此 I6000 系统 URL 探测中断。

2020年6月22日17时30分至2020年6月22日18时05分，查看中间件日志信息，截图如图7–17所示。

```
2020-06-22 17:25:26, 553 sun.rmi.transport.tcp. TCPTransport$AcceptLoop executeacceptLoop
WARNING: RMI TCP Accept-0:accept loop for Serversocket [addr=                    localport=34630] throws
java.lang. OutofmemoryError:unable to create new native thread
        at java.lang. Thread.starto (Native Method)
        at java.lang. Thread.start (Thread.java: 640)
        at java.util.concurrent. ThreadPoolExecutor.addIfundermaximumpoolsize (ThreadpoolExecutor.java: 727)
        at java.util.concurrent. ThreadpoolExecutor.execute (ThreadpoolExecutor.java: 657)
        at sun.rmi.transport.tcp. TCPTransport$AcceptLoop.executeAcceptLoop (TCPTransport.java: 384)
        at sun.rmi.transport.tcp. TCPTransport$AcceptLoop.run (TCPTransport.java: 341)
        at java.lang. Thread.run (Thread.java: 662)
2020-06-22 17:25:26, 559 sun.rmi.transport.tcp. TCPTransport$AcceptLoop executeacceptLoop
WARNING: RMI TCP Accept-10090:accept loop for serversocket [addr=                    ,localport=10090] throws
        at java.lang.outofmemoryError:unable to create new native thread
        at java.lang. Thread.starto (Native Method)
        at java.lang. Thread.start (Thread.java: 640)
        at java.util.concurrent. ThreadpoolExecutor.addIfunderMaximumPoolsize (ThreadpoolExecutor.java: 727)
        at java.util.concurrent. ThreadpoolExecutor.execute (Thr eadpoolExecutor.java: 657)
        at sun.rmi.transport.tcp. TCPTransport$AcceptLoop.executeAcceptLoop (TCPTransport.java: 384)
        at sun.rmi.transport.tcp. TCPTransport$AcceptLoop.run (TCPTransport.java: 341)
        at java.lang. Thread.run (Thread.java: 662)
2020-06-22 17:25:26, 566 sun.rmi.transport.tcp. TCPTransport$AcceptLoop execut eAcceptLoop
WARNING: RMI TCP Accept-10090:accept loop for serversocket [addr=                    localport=10090]throws
java.lang.outofMemoryError:unable to create new native thread
        at java.lang. Thread.starto (Native method)
        at java.lang. Thread.start (Thread.java: 640)
        at java.utjl.concurrent. ThreadPoolExecutor.addIfundermaximumpoolsize (ThreadPoolExecutor.java: 727)
        at java.util.concurrent. ThreadPoolExecutor.execute (Thr eadPoolExecut or.java: 657)
        at sun.rmi.transport.tcp. TCPTransport$AcceptLoop.executeacceptLoop (TCPTransport.java: 384)
        at sun.rmi.transport.tcp. TCPTransport$AcceptLoop.run (TCPTransport.java: 341)
        at java.lang. Thread.run (Thread.java: 662)
2020-06-22 17:25:26, 574  sun.rmi.transport.tcp.TCPTransport$AcceptLoop executeAcceptLoop
WARNING: RMI TCP Accept-10090: accept loop for ServerSocket[addr=                    localport=10090] throws
java.lang.OutOfMemoryError: unable to create new native thread
        at java.lang.Thread.start0(Native Method)
        at java.lang.Thread.start(Thread.java:640)
        at java.util.concurrent.ThreadPoolExecutor.addIfUnderMaximumPoolSize(ThreadPoolExecutor.java:727)
        at java.util.concurrent.ThreadPoolExecutor.execute(ThreadPoolExecutor.java:657)
        at sun.rmi.transport.tcp.TCPTransport$AcceptLoop.executeAcceptLoop(TCPTransport.java:384)
        at sun.rmi.transport.tcp.TCPTransport$AcceptLoop.run(TCPTransport.java:341)
        at java.lang.Thread.run(Thread.java:662)
2020-06-22 18:05:02, 581 org.apache.catalina.core.AprLifecycleListener init
INFO: The APR based Apache Tomcat Native library which allows optimal performance in production environments was not fo
und on the java.library.path: /opt/jdk/jre/lib/i386/server:/opt/jdk/jre/lib/i386:/opt/jdk/jre/../lib/i386:/usr/java/pac
kages/lib/i386:/lib:/usr/lib
2020-06-22 18:05:10, 612 org.apache.coyote.http11.Http11Protocol init
INFO: Initializing Coyote HTTP/1.1 on http-8081
2020-06-22 18:06:21, 624 org.apache.coyote.http11.Http11Protocol init
```

图7–17　统一分析服务组件系统中间件日志截图

2020年6月22日18时05分，保存后台日志信息，释放Java内存，释放服务器缓存，重启应用服务，系统恢复正常。

整改措施

（1）经与开发组沟通，确认程序及JVM内存释放部分程序不健壮，资源释放不及时，此问题可以通过检修升级程序解决。

（2）调整UAP–Tomcat的catalina.sh配置文件中JVM虚拟机内存分配参数，设置运行时JVM所允许占用的最大内存，目前已修改UAP–Tomcat的catalina.sh配置文件中JVM虚拟机可使用的内存堆初始大小，设定值为4096MB，已满足UAP–Tomcat的正常运行。

案例 13

程序问题导致 I6000 系统级联总部中断

故障现象

2020年5月6日20时43分，信息调度接总部信调电话告知I6000系统至总部级联中断。

故障处理

2020年5月6日20时43分，信息调度接总部信调电话告知I6000系统至总部级联中断。

2020年5月6日20时44分，信息调度通知I6000系统运维人员至现场开展处理故障。

2020年5月6日20时45分，信息调度通知信息内网运维人员对信息内网、数据通信网进行排查，反馈信息内网、数据通信网无异常。

2020年5月6日20时48分，I6000系统运维人员登录系统前台页面查看，确认I6000系统应用各项功能正常。查看定时任务日志页面，发现日志任务页面内容为空。

2020年5月6日20时55分，I6000系统运维人员通过运维审计系统登录I6000系统取数服务器查看取数服务运行日志；经检查，确认日志无报错信息、取数服务无异常、指标入库无异常；告警期间指标数据未级联到总部。

指标入库表截图如图7-18所示。从INSERT_TIME（指标本地入库时间）可以看出，2020年5月6日20时20分至2020年5月6日21时25分的本地指标数据正常入库。

2020年5月6日21时00分，I6000系统运维人员及I6000系统现场处置人员通过上述故障现象、网络运行状态、自身应用运行等情况，初步判断为I6000系统在 *.*.*.* 服务器节点运行的任务调度模块（scheduler-webapp）发生异常，导致总部级联数据无法上传。

	FUNDECRYPT(T.V_245,FLAG_ENCRYP	TIME	INSERT_TIME
30	1020840	20200506213000	20200506213031
31	1020540	20200506212500	20200506212531
32	1020240	20200506212000	20200506212030
33	1019940	20200506211500	20200506211530
34	1019640	20200506211000	20200506211031
35	1019340	20200506210500	20200506210531
36	1019040	20200506210000	20200506210030
37	1018740	20200506205500	20200506205531
38	1018440	20200506205000	20200506205030
39	1018140	20200506204500	20200506204531
40	1017840	20200506204000	20200506204030
41	1017540	20200506203500	20200506203531
42	1017240	20200506203000	20200506203031
43	1016940	20200506202500	20200506202531
44	1016640	20200506202000	20200506202031

图 7-18　指标入库表截图

2020年5月6日21时03分，I6000系统运维人员提取 *.*.*.* 节点中间件日志进行分析，发现存在“this scheduler instance is still alive but was recoverd by another instance in cluster.This may cause inconsistent behavior”报错，说明此节点进程已经僵死致数据库行锁无法释放，其他节点无法抢占数据库行锁执行调度任务；依据《信息通信一体化调度运行支撑平台（SG-I6000）系统现场处置方案》对任务调度模块进程执行重启操作，并保存故障期间系统日志。

2020年5月6日21时15分，现场处置人员完成处置动作后，scheduler-webapp进程恢复正常。现场处置人员检查I6000系统前台应用服务、后台支撑服务、取数服务等进程，确认均为正常运行。

2020年5月6日21时18分，检查后台支撑服务KPIU模块日志，确认日志无异常错误信息，KPIU模块运行正常。后台支撑服务KPIU模块日志如图7-19所示。

2020年5月6日21时20分，总部级联正常且告警消除。

原因分析

本次故障涉及I6000系统，故障期间I6000系统（二级部署）出现至总部级联中断，总部气泡图变红告警。I6000系统为网省二级部署。

事件发生之后，某公司针对该事件进行深入排查，分析结果如下：

图 7-19　KPIU 模块日志截图

（1）I6000 系统存在部分前台查询功能优化不足。I6000 系统存在部分前台查询功能优化不足、默认查询数据量大，导致查询耗时长、服务节点对应线程须长时间等待的问题。

通过对 I6000 系统本次发生的故障节点 Weblogic 中间件日志分析，发现在故障发生前，大量请求对应线程发生堵塞、排队等待执行完成。2020 年 5 月 6 日 16 时 49 分，发生的线程阻塞及请求如图 7-20 所示。

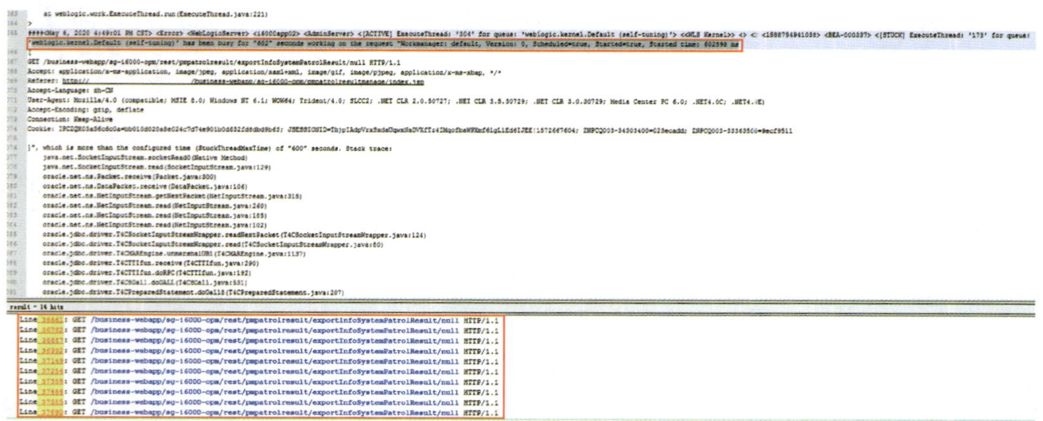

```
    at weblogic.work.ExecuteThread.run(ExecuteThread.java:221)
>
####<May 6, 2020 4:49:01 PM CST> <Error> <WebLogicServer> <i6000app02> <AdminServer> <[ACTIVE] ExecuteThread: '304' for queue: 'weblogic.kernel.Default (self-tuning)'> <<WLS Kernel>> <> <> <1588754941038> <BEA-000337> <[STUCK] ExecuteThread: '173' for queue: 'weblogic.kernel.Default (self-tuning)' has been busy for "602" seconds working on the request "Workmanager: default, Version: 0, Scheduled=true, Started=true, Started time: 602598 ms
[
GET /business-webapp/sg-i6000-opm/rest/pmpatrolresult/exportInfoSystemPatrolResult/null HTTP/1.1
Accept: application/x-ms-application, image/jpeg, application/xaml+xml, image/gif, image/pjpeg, application/x-ms-xbap, */*
Accept-Language: zh-CN
User-Agent: Mozilla/4.0 (compatible; MSIE 8.0; Windows NT 6.1; WOW64; Trident/4.0; SLCC2; .NET CLR 2.0.50727; .NET CLR 3.5.30729; .NET CLR 3.0.30729; Media Center PC 6.0; .NET4.0C; .NET4.0E)
Accept-Encoding: gzip, deflate
Connection: Keep-Alive

]", which is more than the configured time (StuckThreadMaxTime) of "600" seconds. Stack trace:
    java.net.SocketInputStream.socketRead0(Native Method)
    java.net.SocketInputStream.read(SocketInputStream.java:129)
    oracle.net.ns.Packet.receive(Packet.java:300)
    oracle.net.ns.DataPacket.receive(DataPacket.java:106)
    oracle.net.ns.NetInputStream.getNextPacket(NetInputStream.java:315)
    oracle.net.ns.NetInputStream.read(NetInputStream.java:260)
    oracle.net.ns.NetInputStream.read(NetInputStream.java:185)
    oracle.net.ns.NetInputStream.read(NetInputStream.java:102)
    oracle.jdbc.driver.T4CSocketInputStreamWrapper.readNextPacket(T4CSocketInputStreamWrapper.java:124)
    oracle.jdbc.driver.T4CSocketInputStreamWrapper.read(T4CSocketInputStreamWrapper.java:80)
    oracle.jdbc.driver.T4CMAREngine.unmarshalUB1(T4CMAREngine.java:1137)
    oracle.jdbc.driver.T4CTTIfun.receive(T4CTTIfun.java:290)
    oracle.jdbc.driver.T4CTTIfun.doRPC(T4CTTIfun.java:192)
    oracle.jdbc.driver.T4C8Oall.doOALL(T4C8Oall.java:531)
    oracle.jdbc.driver.T4CPreparedStatement.doOall8(T4CPreparedStatement.java:207)
result - 14 hits
Line 36661: GET /business-webapp/sg-i6000-opm/rest/pmpatrolresult/exportInfoSystemPatrolResult/null HTTP/1.1
Line 36782: GET /business-webapp/sg-i6000-opm/rest/pmpatrolresult/exportInfoSystemPatrolResult/null HTTP/1.1
Line 36887: GET /business-webapp/sg-i6000-opm/rest/pmpatrolresult/exportInfoSystemPatrolResult/null HTTP/1.1
Line 36992: GET /business-webapp/sg-i6000-opm/rest/pmpatrolresult/exportInfoSystemPatrolResult/null HTTP/1.1
Line 37149: GET /business-webapp/sg-i6000-opm/rest/pmpatrolresult/exportInfoSystemPatrolResult/null HTTP/1.1
Line 37254: GET /business-webapp/sg-i6000-opm/rest/pmpatrolresult/exportInfoSystemPatrolResult/null HTTP/1.1
Line 37359: GET /business-webapp/sg-i6000-opm/rest/pmpatrolresult/exportInfoSystemPatrolResult/null HTTP/1.1
Line 37464: GET /business-webapp/sg-i6000-opm/rest/pmpatrolresult/exportInfoSystemPatrolResult/null HTTP/1.1
Line 37565: GET /business-webapp/sg-i6000-opm/rest/pmpatrolresult/exportInfoSystemPatrolResult/null HTTP/1.1
Line 37690: GET /business-webapp/sg-i6000-opm/rest/pmpatrolresult/exportInfoSystemPatrolResult/null HTTP/1.1
```

图 7-20　I6000 系统线程阻塞及请求

2020 年 5 月 6 日 20 时 15 分 13 秒，发生阻塞时日志截图如图 7-21 所示。

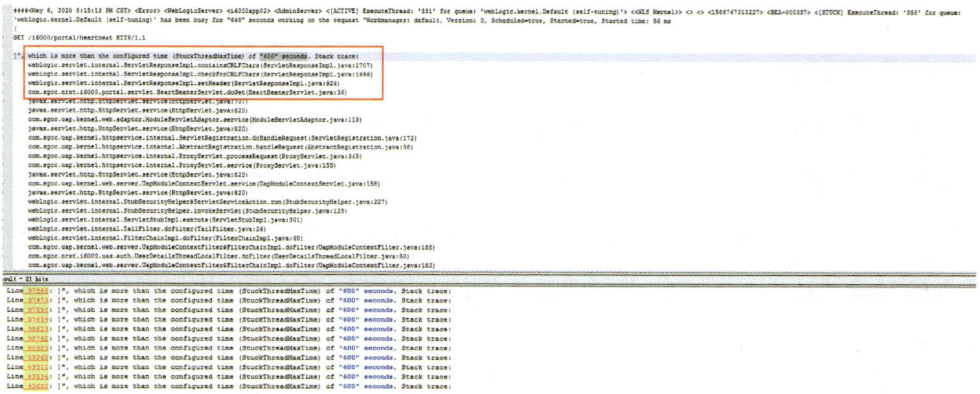

```
####<May 6, 2020 8:15:13 PM CST> <Error> <WebLogicServer> <i6000app02> <AdminServer> <[ACTIVE] ExecuteThread: '331' for queue: 'weblogic.kernel.Default (self-tuning)'> <<WLS Kernel>> <> <> <1588767313227> <BEA-000337> <[STUCK] ExecuteThread: '358' for queue: 'weblogic.kernel.Default (self-tuning)' has been busy for "648" seconds working on the request "Workmanager: default, Version: 0, Scheduled=true, Started=true, Started time: 56 ms
[
GET /16000/portal/heartbeat HTTP/1.1

]", which is more than the configured time (StuckThreadMaxTime) of "600" seconds. Stack trace:
    weblogic.servlet.internal.ServletResponseImpl.containsCRLFChars(ServletResponseImpl.java:1707)
    weblogic.servlet.internal.ServletResponseImpl.checkForCRLFChars(ServletResponseImpl.java:1696)
    weblogic.servlet.internal.ServletResponseImpl.setHeader(ServletResponseImpl.java:924)
    com.sgcc.nrxt.i6000.portal.servlet.HeartBeaterServlet.doGet(HeartBeaterServlet.java:36)
    javax.servlet.http.HttpServlet.service(HttpServlet.java:707)
    javax.servlet.http.HttpServlet.service(HttpServlet.java:820)
    com.sgcc.uap.kernel.web.adaptor.ModuleServletAdaptor.service(ModuleServletAdaptor.java:119)
    javax.servlet.http.HttpServlet.service(HttpServlet.java:820)
    com.sgcc.uap.kernel.httpservice.internal.ServletRegistration.doHandleRequest(ServletRegistration.java:172)
    com.sgcc.uap.kernel.httpservice.internal.AbstractRegistration.handleRequest(AbstractRegistration.java:58)
    com.sgcc.uap.kernel.httpservice.internal.ProxyServlet.processRequest(ProxyServlet.java:345)
    com.sgcc.uap.kernel.httpservice.internal.ProxyServlet.service(ProxyServlet.java:155)
    javax.servlet.http.HttpServlet.service(HttpServlet.java:820)
    com.sgcc.uap.kernel.web.server.UapModuleContextServlet.service(UapModuleContextServlet.java:158)
    javax.servlet.http.HttpServlet.service(HttpServlet.java:820)
    weblogic.servlet.internal.StubSecurityHelper$ServletServiceAction.run(StubSecurityHelper.java:227)
    weblogic.servlet.internal.StubSecurityHelper.invokeServlet(StubSecurityHelper.java:125)
    weblogic.servlet.internal.ServletStubImpl.execute(ServletStubImpl.java:301)
    weblogic.servlet.internal.TailFilter.doFilter(TailFilter.java:26)
    weblogic.servlet.internal.FilterChainImpl.doFilter(FilterChainImpl.java:60)
    com.sgcc.uap.kernel.web.server.UapModuleContextFilter$FilterChainImpl.doFilter(UapModuleContextFilter.java:188)
    com.sgcc.nrxt.i6000.uas.auth.UserDetailsThreadLocalFilter.doFilter(UserDetailsThreadLocalFilter.java:50)
    com.sgcc.uap.kernel.web.server.UapModuleContextFilter$FilterChainImpl.doFilter(UapModuleContextFilter.java:182)
esult - 21 hits
  Line 37365: ]", which is more than the configured time (StuckThreadMaxTime) of "600" seconds. Stack trace:
  Line 37473: ]", which is more than the configured time (StuckThreadMaxTime) of "600" seconds. Stack trace:
  Line 37594: ]", which is more than the configured time (StuckThreadMaxTime) of "600" seconds. Stack trace:
  Line 37699: ]", which is more than the configured time (StuckThreadMaxTime) of "600" seconds. Stack trace:
  Line 38623: ]", which is more than the configured time (StuckThreadMaxTime) of "600" seconds. Stack trace:
  Line 38762: ]", which is more than the configured time (StuckThreadMaxTime) of "600" seconds. Stack trace:
  Line 40453: ]", which is more than the configured time (StuckThreadMaxTime) of "600" seconds. Stack trace:
  Line 43260: ]", which is more than the configured time (StuckThreadMaxTime) of "600" seconds. Stack trace:
  Line 43511: ]", which is more than the configured time (StuckThreadMaxTime) of "600" seconds. Stack trace:
  Line 43534: ]", which is more than the configured time (StuckThreadMaxTime) of "600" seconds. Stack trace:
  Line 43635: ]", which is more than the configured time (StuckThreadMaxTime) of "600" seconds. Stack trace:
```

图 7-21　20 时 15 分 13 秒发生阻塞时日志截图

2020年5月6日20时22分36秒，由于已有大量线程正处于阻塞状态、持续占用数据库连接，因此，节点任务调度模块创建了新的任务线程，但无法正常获得jdbc连接资源、持续处于等待状态，无法完成级联总部任务。节点任务调度模块故障日志如图7–22所示。

```
[2020-05-06 20:22:36,281-QuartzScheduler_scheduleReportFactory-i6000app021586828078998_MisfireHandler] ERROR org.springframework.scheduling.quartz.LocalDataSourceJobStore -
Couldn't rollback jdbc connection. Protocol violation: [48]
java.sql.SQLException: Protocol violation: [48]
    at oracle.jdbc.driver.T4CTTIfun.receive(T4CTTIfun.java:464)
    at oracle.jdbc.driver.T4CTTIfun.doRPC(T4CTTIfun.java:192)
    at oracle.jdbc.driver.T4C7Ocommoncall.doOROLLBACK(T4C7Ocommoncall.java:68)
    at oracle.jdbc.driver.T4CConnection.doRollback(T4CConnection.java:694)
    at oracle.jdbc.driver.PhysicalConnection.rollback(PhysicalConnection.java:3943)
    at weblogic.jdbc.wrapper.PoolConnection_oracle_jdbc_driver_T4CConnection.rollback(Unknown Source)
    at sun.reflect.NativeMethodAccessorImpl.invoke0(Native Method)
    at sun.reflect.NativeMethodAccessorImpl.invoke(NativeMethodAccessorImpl.java:39)
    at sun.reflect.DelegatingMethodAccessorImpl.invoke(DelegatingMethodAccessorImpl.java:25)
    at java.lang.reflect.Method.invoke(Method.java:597)
    at org.quartz.impl.jdbcjobstore.AttributeRestoringConnectionInvocationHandler.invoke(AttributeRestoringConnectionInvocationHandler.java:73)
    at com.sun.proxy.$Proxy322.rollback(Unknown Source)
    at org.quartz.impl.jdbcjobstore.JobStoreSupport.rollbackConnection(JobStoreSupport.java:3652)
    at org.quartz.impl.jdbcjobstore.JobStoreSupport.doRecoverMisfires(JobStoreSupport.java:3196)
    at org.quartz.impl.jdbcjobstore.JobStoreSupport$MisfireHandler.manage(JobStoreSupport.java:3947)
    at org.quartz.impl.jdbcjobstore.JobStoreSupport$MisfireHandler.run(JobStoreSupport.java:3968)
[2020-05-06 20:25:40,998-QuartzScheduler_scheduleReportFactory-i6000app021586828078998_ClusterManager]  WARN org.springframework.scheduling.quartz.LocalDataSourceJobStore - This
scheduler instance (i6000app021586828078998) is still active but was recovered by another instance in the cluster.  This may cause inconsistent behavior.
[2020-05-06 20:22:36,281-task-scheduler-5] ERROR org.springframework.integration.handler.LoggingHandler - org.springframework.core.task.TaskRejectedException: Executor
[java.util.concurrent.ThreadPoolExecutor@25ff3c9b] did not accept task: org.springframework.integration.util.ErrorHandlingTaskExecutor$1@3fce21f0
    at org.springframework.scheduling.concurrent.ThreadPoolTaskExecutor.execute(ThreadPoolTaskExecutor.java:244)
    at org.springframework.integration.util.ErrorHandlingTaskExecutor.execute(ErrorHandlingTaskExecutor.java:49)
    at org.springframework.integration.endpoint.AbstractPollingEndpoint$Poller.run(AbstractPollingEndpoint.java:231)
    at org.springframework.scheduling.support.DelegatingErrorHandlingRunnable.run(DelegatingErrorHandlingRunnable.java:53)
    at org.springframework.scheduling.concurrent.ReschedulingRunnable.run(ReschedulingRunnable.java:81)
    at java.util.concurrent.Executors$RunnableAdapter.call(Executors.java:439)
```

图 7-22　节点任务调度模块日志截图

同一时间，另一节点无调度任务执行日志，如图7–23所示。

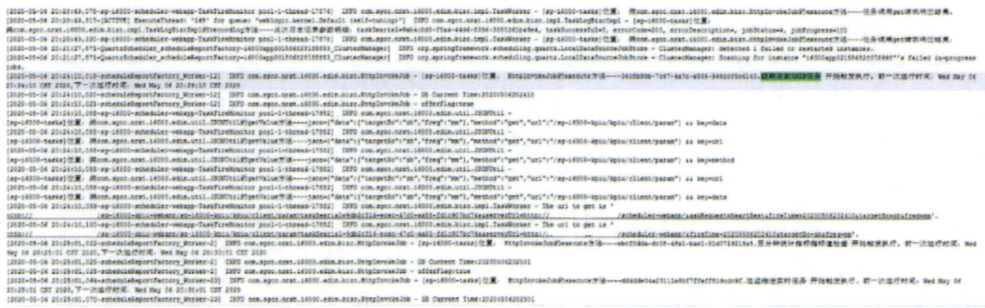

图 7-23　节点故障期间无调度任务执行日志截图

由于故障节点的任务调度功能运行无法完成，造成了2020年5月6日20时25分，总部级联数据无法上传。

（2）I6000系统任务调度模块切换机制逻辑存在缺陷。经咨询I6000系统研发厂商得知，任务调度模块部署多个节点，每个节点通过定时抢占数据库表访问行锁，实现总部级联数据上传等定时任务的触发。如果某一节点无法抢占到表的访问行锁，说明其他节点已经成功抢占、正在执行当前时刻的任务调度，任务调度模块通过此机制实现集群部署高可用。

I6000系统的任务调度模块部署了2个节点。2020年5月6日20时25分，故障节点任务调度模块已经占用数据库行锁，因此另一节点未进行任务调度，但任务调度过程未完成，数据库表行锁始终无法释放，上述高可用机制在这一特定情况下无法发挥作用、存在缺陷，因此另一节点在2020年5月6日20时30分及后续时刻未能接替继续进行任务调度。

整改措施

（1）针对本次发现的I6000系统部分前台查询代码逻辑有待优化的问题，要求I6000系统研发厂商对同类的查询过程进行优化，避免在数据总量持续增长的趋势下，默认仍进行全量查询，造成各类运行资源长时间占用；优化内存回收机制，避免因类似问题导致应用服务器可用内存持续消耗、引起功能不可用。

（2）针对本次发现的I6000系统任务调度模块切换机制逻辑的缺陷，要求I6000系统研发厂商针对同类缺陷改进切换机制，同时须增加对任务调度等重要运行模块的自检测，更早发现问题并发出告警。

查询脚本缺陷导致 I6000 系统监控异常

故障现象

2020年5月14日15时30分，总部信息调度监控发现总部I6000系统中某公司所有信息系统出现中断告警，随即电话通知某公司信息调度。

故障处理

2020年5月14日15时30分，某公司信息调度接总部信息调度电话通知后，对I6000系统应用功能进行验证，发现I6000系统各项应用功能正常，系统监控气泡图显示正常。

某公司信息调度立即通知I6000系统运维人员进行分析处理，启动《信息通信一体化调度运行支撑平台系统现场处置方案》。

2020年5月14日15时32分，I6000系统运维人员登录系统页面查看，系统各项应用功能正常，系统监控气泡图显示正常。登录I6000系统服务器，发现应用系统指标取数和入库均无异常，判断I6000系统与总部的数据级联出现异常，而I6000系统每5min向总部进行数据级联，依赖于定时任务模块进行调度和管理。运维人员检查数据级联的定时任务日志页面，发现定时任务日志页面内容为空，如图7–24所示。

2020年5月14日15时35分，I6000系统运维人员初步判断为I6000系统的定时任务模块运行异常，导致数据无法级联上传至总部。

2020年5月14日15时40分，运维人员查看定时任务模块运行日志，发现有报错信息，定时任务模块运行异常，确认了故障原因。

2020年5月14日15时42分，依据《信息通信一体化调度运行支撑平台系统现场处置方案》，对定时任务模块执行重启操作。

2020年5月14日15时45分，重启完成后，定时任务模块恢复正常。

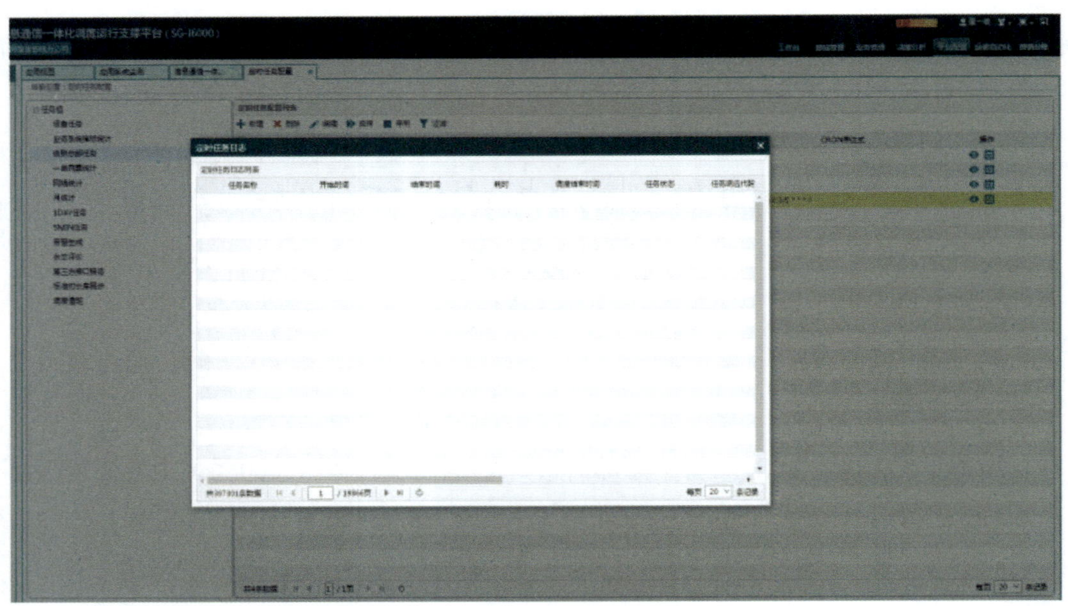

图 7-24 定时任务日志页面内容为空

2020年5月14日15时50分，级联定时任务服务恢复正常，向总部的数据级联恢复正常且告警消除，如图7-25所示。

定时任务日志

定时任务日志列表

任务名称	开始时间	结束时间	耗时	调度结束时间	任务状态	任务响应代码
级联总部5min任务	2020-05-14 16:53:40	2020-05-14 16:53:53	13秒	2020-05-14 16:53:53	执行成功	
级联总部5min任务	2020-05-14 16:48:40	2020-05-14 16:48:43	3秒	2020-05-14 16:48:43	执行成功	
级联总部5min任务	2020-05-14 16:43:40	2020-05-14 16:43:43	3秒	2020-05-14 16:43:43	执行成功	
级联总部5min任务	2020-05-14 16:38:40	2020-05-14 16:38:43	3秒	2020-05-14 16:38:43	执行成功	
级联总部5min任务	2020-05-14 16:33:40	2020-05-14 16:33:54	14秒	2020-05-14 16:33:54	执行成功	
级联总部5min任务	2020-05-14 16:28:40	2020-05-14 16:28:54	14秒	2020-05-14 16:28:54	执行成功	
级联总部5min任务	2020-05-14 16:23:40	2020-05-14 16:23:43	3秒	2020-05-14 16:23:43	执行成功	
级联总部5min任务	2020-05-14 16:18:40	2020-05-14 16:18:43	3秒	2020-05-14 16:18:43	执行成功	
级联总部5min任务	2020-05-14 16:13:40	2020-05-14 16:13:44	4秒	2020-05-14 16:13:44	执行成功	
级联总部5min任务	2020-05-14 16:08:40	2020-05-14 16:08:43	3秒	2020-05-14 16:08:54	执行成功	
级联总部5min任务	2020-05-14 16:03:40	2020-05-14 16:03:43	3秒	2020-05-14 16:03:43	执行成功	
级联总部5min任务	2020-05-14 15:58:40	2020-05-14 15:58:43	3秒	2020-05-14 15:58:43	执行成功	
级联总部5min任务	2020-05-14 15:53:40	2020-05-14 15:53:46	6秒	2020-05-14 15:53:46	执行成功	

图 7-25 定时任务日志

原因分析

信息通信一体化调度运行支撑为国网统推二级部署系统，I6000系统对在运信息系统运行状况进行实时监控，并将监控数据实时传输至总部I6000系统。

（1）I6000系统定时任务模块（scheduler-webapp）与I6000系统Web应用部署在同一个Weblogic实例上，共部署了两个节点。

（2）定时任务模块底层以Quartz框架实现，通过多节点争抢数据库行锁的方式，确保至少一个存活节点执行调度任务，以此实现集群高可用。I6000系统中，定时任务模块为双节点部署，每5min执行一次的级联总部任务由定时任务模块进行调度和管理。

（3）对I6000系统Weblogic中间件日志进行分析，发现在故障发生前，I6000系统中间件在1min内出现了14次线程阻塞，并大量消耗JVM内存，如图7-26所示。

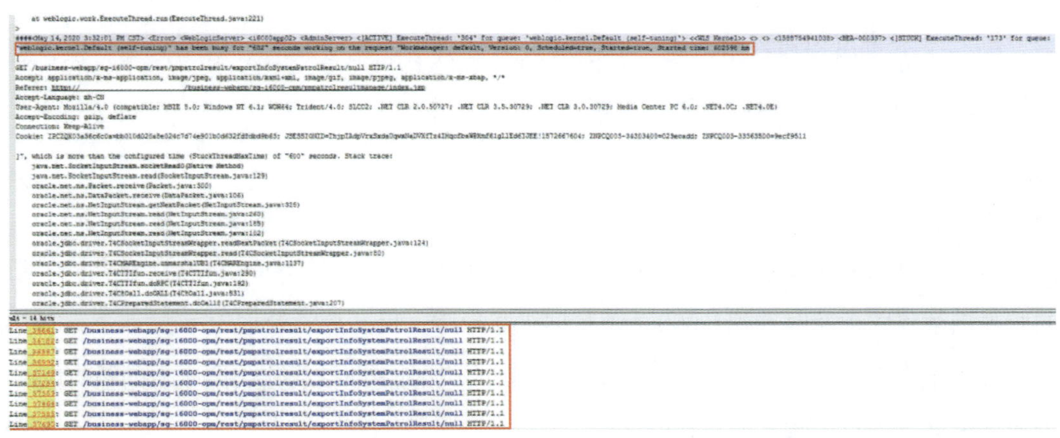

图7-26　I6000系统Weblogic中间件日志

（4）JVM内存在上述过程中被逐步消耗，并出现部分线程因可用内存不足而导致运行耗时超出StuckThreadMaxTime预设值（600s），最终导致定时任务模块出现线程阻塞。经与I6000系统研发人员确认，Weblogic线程阻塞的根本原因是级联任务服务在上传数据时会执行一个SQL脚本，查询存放业务系统指标数据的数据库表。当该表数据量过大时，执行过程中，会偶发性的出现执行时间过长，查询结果无法返回，导致Weblogic线程出现阻塞。

（5）级联总部5min任务对应的数据被1号节点的定时任务模块占用，则2号节点的定时任务模块只能进入等待状态。

（6）由于线程阻塞，造成1号节点的定时任务未能执行完成，导致数据库触发器trigger状态信息无法及时更新并释放行锁，2号节点无法成功获取行锁并接管1号节点进行级联总部5min任务的调度。另一方面，1号节点上一轮定时任务未完成，也无法调度下一次级联总部5min任务的执行。导致监控数据无法级联到总部，总部I6000系统气泡图出现告警。

（7）I6000系统Web应用通过F5设备实现负载均衡，单节点的异常未影响I6000系统的正常访问。

（8）综上所述，造成该问题的原因有两个。

1）级联任务服务在上传数据时会执行一个SQL脚本，查询存放业务系统指标数据的数据库表。当该表数据量过大时，执行过程中，会偶发性的出现执行时间过长，查询结果无法返回，导致Weblogic线程出现阻塞。

2）I6000系统定时任务模块依赖的Quartz框架，其实现集群高可用的机制存在缺陷：当一个节点出现线程阻塞时，其余节点可能会出现无法获取数据库行锁、接替进行任务执行的情况，导致服务无法正常切换至备用节点。

整改措施

（1）加强对I6000系统各节点模块的巡视、巡检工作，对I6000系统数据级联状态的监视进行攻关，及时发现I6000系统数据级联异常，提高故障处理效率。

（2）定期开展I6000系统历史数据归档工作，压缩I6000系统数据库表的数据，减少数据级联任务SQL脚本的执行时间。

（3）I6000系统数据级联后，对I6000定时任务的双机工作模式进行优化，根据最近10min的级联标识来判断数据级联是否正常，进而决定是否启用备用节点，降低对Quartz框架的依赖，实现业务上的双机高可用，避免再次出现类似情况。

案例 15

任务调度时间设置缺陷导致业务系统监控异常

故障现象

2020年1月1日17时10分至2020年1月1日18时05分，全国统一电力市场技术支撑平台在I6000系统中健康运行时长及在线用户数指标中断，系统业务正常，系统任务调度处于“未部署”状态，无法自动生成运行指标，导致了I6000系统无法抽取相应指标数据造成监控中断。

故障处理

2020年1月1日17时30分，信息调度值班监控发现全国统一电力市场技术支撑平台应用系统存在I6000系统告警，系统业务正常，立即通知系统运维人员前往现场排查问题。

2020年1月1日17时45分，运维人员到达现场排查问题，发现控制台服务正常、系统登录正常、系统页面可正常访问、功能模块可正常使用，随后运维人员排查了可能导致监控异常的原因，即系统任务调度无法自动生成运行指标，导致了I6000系统无法抽取相应指标数据造成监控中断。

2020年1月1日17时55分，运维人员通过与开发人员的沟通确认了任务调度程序包部署于应用服务中，决定重新启动故障节点应用服务查看任务调度状态，启动完成后，运维人员再次查看了任务调度状态，发现任务调度状态仍为“未部署”，任务调度仍然无法自动执行。

2020年1月1日18时05分，运维人员发现组件连接状态正常（任务组件正常，只是无法自动执行），于是通过手动执行调度任务的方式生成了指标数据，全国统一电力市场技术支撑平台系统在I6000系统监控中恢复正常。

原因分析

全国统一电力市场技术支撑平台系统任务调度模块每5min自动生成I6000系统所需指标数据，传至全国统一电力市场技术支撑平台数据库等待I6000系统取数。

由于全国统一电力市场技术支撑平台系统任务调度设置的时间规则到期，运行中任务的所有规则失效，任务调度无法获取触发规则、表达式规则、下次运行时间等规则内容，致使任务调度功能模块无法自动生成I6000系统所需的每5min指标数据，导致I6000系统无法取数，I6000系统健康运行时长指标中断。通过任务调度模块—任务策略定义—5min任务—表达式规则编辑规则定义和规则失效时间（因为是重新设置时间规则，在设置时把时间跨度延长，设置时将生效时间从当前时间往前推，失效时间尽可能远，所以设置为了2018年生效、2120年失效）。

整改措施

（1）对所有监管系统开展一次针对系统任务调度设置的时间规则排查，对存在问题的系统制定相应整改措施并落实。

（2）加强设备巡视工作，将所有系统调度定时任务时间规则及时更新情况纳入巡检中。

案例16

数据库会话阻塞导致网上国网查询接口超时

故障现象

2023年6月26日18时15分，接某省侧网上国网项目组反馈网上国网App调用电费余额查询和多户欠费信息查询存在返回超时情况，10min内调用返回超时次数超过1000次。

故障处理

2023年6月26日18时15分，某省侧网上国网项目组反馈网上国网App调用营销系统电费余额查询和多户欠费信息查询接口存在返回超时的情况。

2023年6月26日18时20分，某省营销系统运维人员及时开展问题排查，初步排查为6月26日00时00分至6月26日06时00分，营销业务应用系统开展了“第三周期输配电价执行业务调整”专项检修。初步怀疑为此检修导致。

2023年6月26日18时25分，确认为营销系统“第三周期输配电价执行业务调整”专项检修导致营销数据库新增性能语句执行计划异常、查询缓慢，引起数据库会话阻塞。当网上国网App调用电费余额查询和多户欠费信息查询接口时，数据库整体响应缓慢，接口返回超过3s，引起网上国网相关查询接口阻塞超时。

AWR分析报告显示出现问题的时间段内，执行时间最为缓慢的语句ID为1wvmgy4ybpbx0，如图7-27所示，根据实时会话信息，可以发现当时存在RAC集群等待事件（gc buffer busy acquire）。

2023年6月26日18时30分，营销系统紧急停止相关会话，并且对性能语句进行了优化。

2023年6月26日18时36分，数据库语句优化完毕，故障解除。

SQL ordered by Elapsed Time

- Resources reported for PL/SQL code includes the resources used by all SQL statements called by the code.
- % Total DB Time is the Elapsed Time of the SQL statement divided into the Total Database Time multiplied by 100
- %Total - Elapsed Time as a percentage of Total DB time
- %CPU - CPU Time as a percentage of Elapsed Time
- %IO - User I/O Time as a percentage of Elapsed Time
- Captured SQL account for 85.7% of Total DB Time (s): 4,112
- Captured PL/SQL account for 0.0% of Total DB Time (s): 4,112

Elapsed Time (s)	Executions	Elapsed Time per Exec (s)	%Total	%CPU	%IO	SQL Id	SQL Module	SQL Text
2,330.81	451	5.17	56.69	49.50	24.89	1wvmgy4ybpbx0	JDBC Thin Client	select a.CONS_NO, b.CONS_ID, a...
150.13	53	2.83	3.65	2.13	97.70	[illegible]	JDBC Thin Client	select calc_id from (select ca...
120.53	337	0.36	2.93	49.02	49.29	acbfd245ak6r5	JDBC Thin Client	select calc_id, org_no, coll_d...
101.79	389,769	0.00	2.48	46.18	29.34	238rssz1ctspm	JDBC Thin Client	select nvl(a.act_amt, 0) act_a...
82.46	3,287	0.03	2.01	6.88	8.68	58tup9f9113gq	JDBC Thin Client	INSERT INTO arc_e_ocs_base_inf...
77.09	367	0.21	1.87	97.53	0.09	f59445ujz9h4d	oratop@haocscn1 (TNS V1-V3)	/* oratop s1 */ SELECT /*+ OPT...
47.87	3,909	0.01	1.16	81.66	17.69	d394arrv6pap4	JDBC Thin Client	SELECT a.CONS_ID , max(b.prepa...
43.56	3,619	0.01	1.06	79.24	14.72	25a2qycg9aryt	JDBC Thin Client	SELECT distinct(a.calc_id) las...
42.90	366	0.12	1.04	100.06	0.00	6aycc214jt5hy	oratop@haocscn1 (TNS V1-V3)	/* oratop s3b */ SELECT /*+ OP...
40.82	389,777	0.00	0.99	44.75	19.29	f6ajd8mhc02fa	JDBC Thin Client	SELECT nvl(b.avg_amt, 0) avg_a...

图 7-27　营销系统 AWR 报告

网上国网系统于2019年12月上线，采用微服务架构设计，该系统的核心组件为业务连接平台，主要包含微服务、数据库服务器、Nginx虚拟机，其中数据库服务器和Nginx服务器为物理机部署，网上国网业务连接平台如图7–28所示。

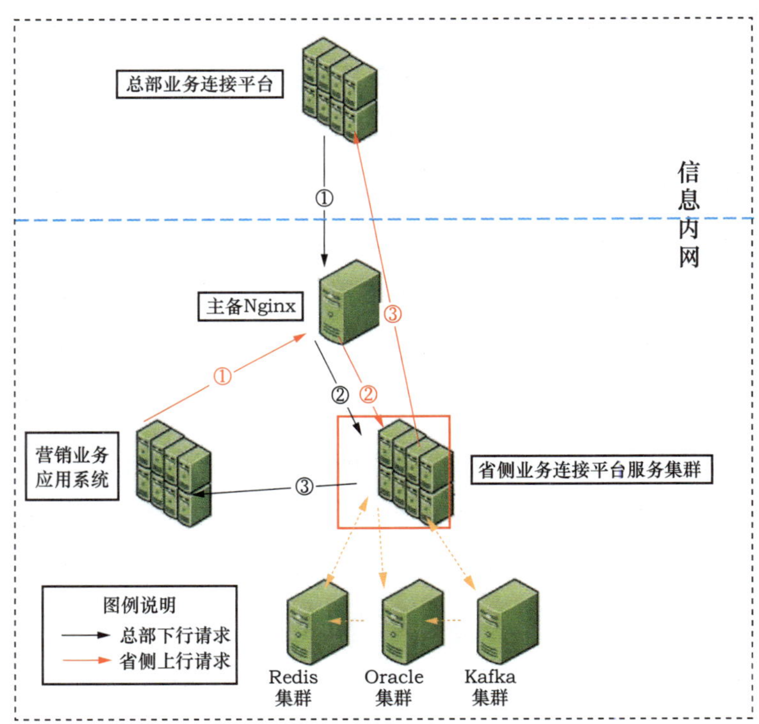

图 7-28　网上国网业务连接平台

网上国网多户欠费查询接口及用户余额查询接口，查询的数据取自省侧营销业务应用系统。

2023年6月26日18时15分，网上国网项目组发现网上国网调用电费余额查询和多户欠费信息查询存在返回超时情况，短时间内超时数超过1000次，如图7-29和图7-30所示。

图 7-29　网上国网服务器监测发现接口超时

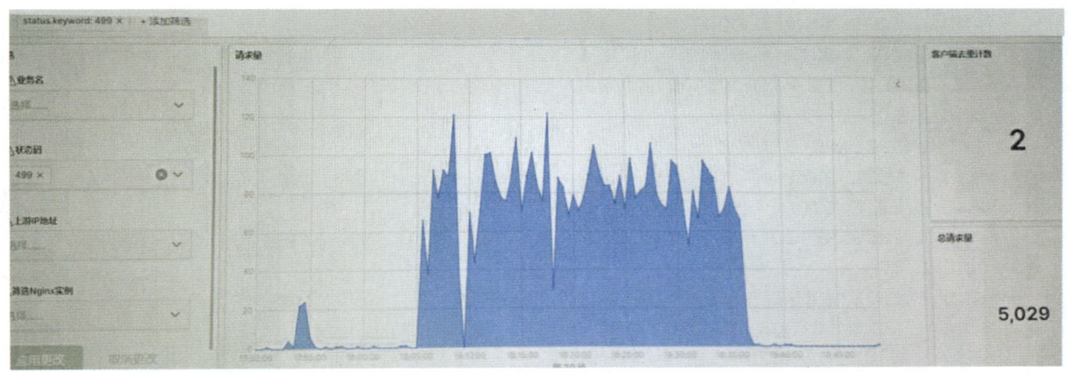

图 7-30　网上国网 kibana 监控超时情况

在发现数据库性能语句存在执行缓慢的情况后，技术人员紧急停止相关会话，并对性能语句进行了优化，具体如图7-31所示。

因此，为提升数据查询效率，针对表R_OCS_DATA的CONS_ I 字段，特新增索引LOC_R_OCS_DATA_CONS_ID，人，如图7-32所示。

981	60599	6	rhwyy-mapccalc-1-0-51-658986cc9d-w2ccx	Cluster	gc buffer busy acquire	OCS_CALC	1wvmgy4ybpbx0	
1058	16813	5	rhwyy-mapccalc-1-0-51-658986cc9d-xlrxf	Cluster	gc buffer busy acquire	OCS_CALC	1wvmgy4ybpbx0	
1094	46383	11	rhwyy-mapccalc-1-0-51-658986cc9d-w2ccx	Cluster	gc buffer busy acquire	OCS_CALC	1wvmgy4ybpbx0	
1133	35033	7	rhwyy-mapccalc-1-0-51-658986cc9d-qlg2q	User I/O	read by other session	OCS_CALC	1wvmgy4ybpbx0	
1135	33897	9	rhwyy-mapccalc-1-0-51-658986cc9d-zfmq4	User I/O	read by other session	OCS_CALC	1wvmgy4ybpbx0	
1163	47101	10	rhwyy-mapccalc-1-0-51-658986cc9d-w2ccx	User I/O	read by other session	OCS_CALC	1wvmgy4ybpbx0	
1175	54785	9	rhwyy-mapccalc-1-0-51-658986cc9d-w2ccx	User I/O	read by other session	OCS_CALC	1wvmgy4ybpbx0	
1273	31271	12	rhwyy-mapccalc-1-0-51-658986cc9d-sksb2	User I/O	read by other session	OCS_CALC	1wvmgy4ybpbx0	
1298	46959	6	rhwyy-mapccalc-1-0-51-658986cc9d-zfmq4	Cluster	gc buffer busy acquire	OCS_CALC	1wvmgy4ybpbx0	
1315	6271	7	rhwyy-mapccalc-1-0-51-658986cc9d-8vrs2	User I/O	read by other session	OCS_CALC	1wvmgy4ybpbx0	0
1339	39285	6	rhwyy-mapccalc-1-0-51-658986cc9d-w2ccx	Cluster	gc buffer busy acquire	OCS_CALC	1wvmgy4ybpbx0	0
1343	2229	10	rhwyy-mapccalc-1-0-51-658986cc9d-wmeg8	User I/O	read by other session	OCS_CALC	1wvmgy4ybpbx0	0
1380	27965	9	rhwyy-mapccalc-1-0-51-658986cc9d-8vrs2	User I/O	read by other session	OCS_CALC	1wvmgy4ybpbx0	0
1459	39701	10	rhwyy-mapccalc-1-0-51-658986cc9d-sksb2	User I/O	read by other session	OCS_CALC	1wvmgy4ybpbx0	0
1482	32763	7	rhwyy-mapccalc-1-0-51-658986cc9d-qlg2q	Cluster	gc buffer busy acquire	OCS_CALC	1wvmgy4ybpbx0	0
1490	28617	12	rhwyy-mapccalc-1-0-51-658986cc9d-sksb2	Cluster	gc buffer busy acquire	OCS_CALC	1wvmgy4ybpbx0	0
1525	38899	9	rhwyy-mapccalc-1-0-51-658986cc9d-w2ccx	User I/O	read by other session	OCS_CALC	1wvmgy4ybpbx0	0
1559	53345	6	rhwyy-mapccalc-1-0-51-658986cc9d-wmeg8	Cluster	gc buffer busy acquire	OCS_CALC	1wvmgy4ybpbx0	0
1591	31813	11	rhwyy-mapccalc-1-0-51-658986cc9d-sksb2	Cluster	gc cr request	OCS_CALC	1wvmgy4ybpbx0	0
1636	62631	8	rhwyy-mapccalc-1-0-51-658986cc9d-zfmq4	Cluster	gc cr request	OCS_CALC	1wvmgy4ybpbx0	0
1662	37589	11	rhwyy-mapccalc-1-0-51-658986cc9d-sksb2	Cluster	gc cr request	OCS_CALC	1wvmgy4ybpbx0	0
1664	26739	11	rhwyy-mapccalc-1-0-51-658986cc9d-w2ccx	User I/O	read by other session	OCS_CALC	1wvmgy4ybpbx0	0
1711	36645	7	rhwyy-mapccalc-1-0-51-658986cc9d-8vrs2	Cluster	gc buffer busy acquire	OCS_CALC	1wvmgy4ybpbx0	0

SQL 文本 | 游标 | 统计表 | 锁 | SQL 监视器

```
Sql text
select a.CONS_NO, b.CONS_ID, a.LOG_ID, a.ORG_NO, a.PREPARE_ID, a.PREPARE_TIME, b.COLL_DATE, B.MR_SECT_NO
  from e_ocs_calc_log a, e_ocs_calc_info b
  where a.org_no = b.org_no
  and a.cons_no = b.cons_no
  and a.coll_date = b.coll_date
  and a.rela_id = 'M1001'
  and a.log_type = '02'
  and b.prepare_status = '0'
  and b.coll_date = :1

   and b.calc_type = :2
```

图 7-31　执行缓慢语句

```
SELECT A.CONS_NO,
       B.CONS_ID,
       A.LOG_ID,
       A.ORG_NO,
       A.PREPARE_ID,
       A.PREPARE_TIME,
       B.COLL_DATE,
       B.MR_SECT_NO
  FROM E_OCS_CALC_LOG A, E_OCS_CALC_INFO B
 WHERE A.ORG_NO = B.ORG_NO
   AND A.CONS_NO = B.CONS_NO
   AND A.COLL_DATE = B.COLL_DATE
   AND A.RELA_ID = 'M1001'
   AND A.LOG_TYPE = '02'
   AND B.PREPARE_STATUS = '0'
   AND B.COLL_DATE = :1
   AND B.CALC_TYPE = :2
   AND A.PREPARE_ID = B.PREPARE_ID
   AND A.ORG_NO = :3
   AND EXISTS (SELECT 1
          FROM R_OCS_DATA D
         WHERE D.DATA_TIME = TO_DATE(:4, 'yyyy-mm-dd')
           AND D.ORG_NO = :5
           AND B.CONS_NO = D.CONS_NO
           AND B.CONS_ID = D.CONS_ID
           AND B.ORG_NO = D.ORG_NO
           AND D.WRITE_TIME > A.PREPARE_TIME)
```

General | Columns | Keys | Checks | Indexes | Privileges | Partitions | Subpartitions | Triggers

Owner	Name	Type	Columns	Compress	Logging	Prefix length	Invisible	Local	Reverse	Storage
MAMB_MRCI	IDX_R_OCS_DATA_BATCHNO	Normal	BATCH_NO	☐	☐		☐	☑	☐	
MAMB_MRCI	LOC_R_OCSDATA_METER_ID4	Normal	METER_ID	☐	☐		☐	☑	☐	
MAMB_MRCI	LOC_R_OCSDATA_SECT_NO4	Normal	MR_SECT_NO	☐	☐		☐	☑	☐	
OCS_DAY	LOC_R_OCS_DATA_CONS_ID	Normal	CONS_ID	☐	☐		☐	☑	☐	

图 7-32　优化数据库查询语句

整改措施

（1）加强日常营销系统数据库监控，定位性能缓慢的SQL语句，并进行性能优化，做好营销系统和网上国网监控，加强主机、网络的巡检频次及各指标的监控。

（2）在营销系统检修时，若涉及网上国网相关接口程序，及时进行相关功能验证，并在检修结束后持续监测网上国网相关接口调用情况，并根据业务量情况，适时提前做好总部客服中心网上国网等相关部门报备工作。

第八章

桌面终端故障分析与处理

案例 1

内网安全 U 盘无法使用

故障现象

（1）设备主要参数。

设备类型：内网桌面终端。

设备型号：联想 ThinkCentre M920t。

操作系统：Win10 神州网信政府版。

配置信息：CPU：I7、内存：16GB、硬盘：1TB。

（2）故障现象描述。在安全U盘使用过程中，出现了U盘启动区无法启动的情况，弹出提示信息“文件或目录损坏且无法读取”。

故障处理

遇到无法打开安全U盘情况时，采用的办法是通过Windows自带的磁盘格式修复工具即可修复。

具体的步骤如下：

开始—运行—输入cmd—输入chkdsk 盘符 /f，例如chkdsk c: /f。等待命令完成即可。注意：冒号后面有一空格。

原因分析

目前公司内网、外网物理隔离，严格执行“双网双机”的策略，为了满足计算机终端用户办公需求，实现办公终端之间文件交换且保证信息安全，公司统一推出了安全U盘策略。当出现U盘启动区无法启动的情况，如果直接用移动存储设备标签制作工具重新制作，会造成U盘内数据格式化，U盘内数据完全丢失。安全U盘在使用过程中，非正常插拔、感染病毒等原因会造成安全U盘中引导文件损毁，从而无法正常启动安全U盘。

整改措施

安全U盘在使用过程中，经常会出现无法正常启动安全U盘的情况，因此在使用过程中应注意按正常的使用步骤进行操作，避免非正常插拔，并按时升级计算机终端防病毒软件，更新病毒库。

案例 2

外网终端无法使用摄像头和麦克风

故障现象

（1）设备主要参数。

设备类型：外网桌面终端。

设备型号：联想 ThinkCentre M920t。

操作系统：神州网信政府版。

配置信息：CPU：I7、内存：16GB、硬盘：1TB。

（2）故障现象描述。一台计算机外网终端摄像头和麦克风均无法使用，即使外接 USB 相关设备依然无法使用。

故障处理

从神州网信官网获取解除摄像头与麦克风禁用补丁，根据需要解除被禁用的设备服务。

原因分析

经过与神州网信官方沟通获悉，神州网信政府版系统为了保护用户隐私，出厂即关闭摄像头和麦克风相关服务。

整改措施

为了用户的隐私不被利用，厂家在出厂前关闭相关设备服务，后期为了方便用户便于使用视频会议，可根据用户需求解除相关禁用。

案例3

笔记本键盘按键失灵

故障现象

（1）设备主要参数。

设备类型：外网笔记本电脑。

设备型号：ThinkPad E431。

操作系统：Windows8。

配置信息：CPU：双核、内存：4GB、硬盘：500GB。

（2）故障现象描述。笔记本电脑键盘失灵，进一步检查发现用户键盘数字与字母错位，U变成4，I变成5，O变成6，J变成1，K变成2，L变成3，M变成0。

故障处理

由于用户不小心激活了笔记本键盘上的“数字小键盘”功能，完全属于软件方面的设置错误，并不是键盘本身的问题。解决方法如下：

（1）在笔记本键盘的左下角有一个蓝色的“Fn”功能软件。

（2）按住这个“Fn”键不放，然后再在键盘的最上方的F1、F2等一系列的功能快捷按键中找到“NumLk”的数字键盘功能切换键。

（3）同时按下“Fn”和“NumLk”键将键盘切换回正常状态即可。

原因分析

由于受到笔记本电脑内部空间限制，不同于普通键盘是通过PS/2、USB接口与电脑相连接，笔记本电脑上的键盘是直接与电脑主板进行连接。笔记本电脑键盘仅是在铝合金材质基板上，覆盖了薄膜电路，然后再将回弹胶碗、剪刀脚支架和键帽固定在键盘基板上，键盘通过软排线直接与主板接口相连接。

这样的结构设计，让笔记本电脑键盘减少了笔记本内部空间占用，但是过高的集成度，也导致了笔记本电脑键盘容易出现故障，当按下键盘上字母按键后，打出来的是一堆数字，主要是因为用户误触了键盘上的一组组合按键所导致。

整改措施

部分笔记本电脑厂商为避免用户在使用外接键盘时，误触到笔记本电脑自带键盘造成误操作，会在系统中进行设置，在检测到笔记本电脑使用外接式键盘时，会自动对笔记本自带键盘进行屏蔽。用户遇到这种情况，在需要使用笔记本电脑自带键盘时，只要将外接键盘拔掉或断开链接，即可正常使用。

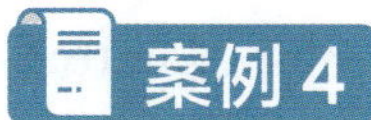

打印机后台服务异常关闭

故障现象

（1）设备主要参数。

设备类型：内网桌面终端。

设备型号：戴尔 Inspiron 3847–R3738。

操作系统：WindowsXP。

配置信息：CPU：双核、内存：2GB、硬盘：500GB。

（2）故障现象描述。后台处理程序子系统应用程序（Spooler Subsystem App）作为后台打印程序子系统，控制着打印机的共享和使用。而一些桌面终端常出现Spooler SubSystem App 自动关闭的情况，使得共享打印机无法使用。

右键“我的电脑”→“管理”→“服务及应用程序”→“服务”，查看到其中Print Spooler的启动类型为自动。

双击该行信息，可以查看到服务状态为停止且手动启动此服务后会自动停止。

打开“控制面板”→“打印机和传真”中，原有的打印机消失。双击添加打印机弹出对话框：操作无法完成。打印后台程序服务没有运行。

故障处理

（1）对计算机进行重启，按F8进入安全模式。将“C:\windows\system32\spool\drivers\w32 × 86”及“C:\windows\system32\ spool\printers”内所有文件目录进行清空处理。

（2）点击“开始”，右键点击“我的电脑”→“管理”，点击“服务和应用程序”→“服务”，双击NTservice，选择“属性”，修改启动类型为“禁用”。

（3）点击“开始”→“运行”→键入“regedit”后单击确定，打开注册表编辑器。依次打开“HKEY_LOCAL_MACHINE\SYSTEM\CurrentControlSet\Control\Print\Environments\Windows NT x86”，其下应仅包含Drivers及Print Processors项，其他项应予以删除。

（4）依次打开“HKEY_LOCAL_MACHINE\SYSTEM\CurrentControlSet\ Control\Print\Environments\Windows NT x86\Drivers”，将带有Version–X的项删除。

（5）依次打开“HKEY_LOCAL_MACHINE\SYSTEM\CurrentControlSet\ Control\Print\Monitors”，此项下应有BJ Language Monitor、Local Port、PJL Language Monitor、Standard TCP/IP Port、USB Monitor这5项，删除带有打印机品牌型号的子项。

（6）将打印机线缆从计算机中拔出，并重新启动计算机，将打印机线缆重新连接至计算机，并安装制造商所提供的驱动程序即可。

原因分析

Spooler Subsystem App自动关闭后致使Print Spooler服务自动停止，致使文件无法加载至内存并打印。spoolsv.exe为Print Spooler的进程，管理所有本地和网络打印队列及控制所有打印工作，受损则无法使用打印机。分析原因是由于第三方驱动程序影响。

整改措施

在日常桌面终端维护中针对解决Spooler Subsystem App错误引起的打印机无法使用问题，在寻求解决办法时，应从不同的方面去探寻，考虑到多种情况的可能性。本次问题的解决，不仅需要考虑到Windows自带程序是否受到损害，同样也需考虑到第三方驱动程序之间可能存在的冲突。